高等职业教育计算机网络技术专业教材

网络设备配置与管理项目化教程
（微课版）

主　编　安华萍　王艳萍

副主编　谭　卫　叶红卫　徐文义　王家兰

中国水利水电出版社
www.waterpub.com.cn

·北京·

内 容 提 要

本书以知识必需、够用为原则，通过分析职业岗位展开教学内容，强化学生的技能训练，同时在训练过程中巩固所学知识。本书以网络工程项目基础中的绘制网络拓扑图、规划 IP 地址及子网开始，通过构建小型局域网、局域网实现冗余项目进行交换技能训练，通过构建中型局域网、构建广域网项目进行路由技能训练，通过局域网安全管理、局域网接入 Internet 项目进行安全技能训练。

全书共 8 个项目 24 个技能训练任务，每个技能训练任务不但包含"用户需求与分析""预备知识""任务实施""任务小结"等，还配套有微课操作视频。

本书既可作为职业院校、应用型本科院校理实一体化"网络设备配置与管理"课程的教材，又可作为网络互联技术实训指导，还可作为网络管理员或网络爱好者的学习用书。本书以锐捷设备搭建网络训练环境，在教学过程中，教师可以根据本校的网络实训环境做适当调整。

本书提供课后习题参考答案、电子教案、任务单卡等资源，读者可以从中国水利水电出版社网站（www.waterpub.com.cn）或万水书苑网站（www.wsbookshow.com）免费下载。

图书在版编目（CIP）数据

网络设备配置与管理项目化教程 ：微课版 ／ 安华萍，
王艳萍主编. -- 北京 ：中国水利水电出版社，2020.5
高等职业教育计算机网络技术专业教材
ISBN 978-7-5170-8529-4

Ⅰ．①网… Ⅱ．①安… ②王… Ⅲ．①网络设备－配
置－高等职业教育－教材②网络设备－管理－高等职业教
育－教材 Ⅳ．①TN915.05

中国版本图书馆CIP数据核字（2020）第063845号

策划编辑：陈红华	责任编辑：陈红华	封面设计：李 佳

书 名	高等职业教育计算机网络技术专业教材 **网络设备配置与管理项目化教程（微课版）** WANGLUO SHEBEI PEIZHI YU GUANLI XIANGMUHUA JIAOCHENG (WEIKE BAN)
作 者	主 编 安华萍 王艳萍 副主编 谭 卫 叶红卫 徐文义 王家兰
出版发行	中国水利水电出版社 （北京市海淀区玉渊潭南路 1 号 D 座 100038） 网址：www.waterpub.com.cn E-mail：mchannel@263.net（万水） 　　　　sales@waterpub.com.cn 电话：（010）68367658（营销中心）、82562819（万水）
经 售	全国各地新华书店和相关出版物销售网点
排 版	北京万水电子信息有限公司
印 刷	三河市鑫金马印装有限公司
规 格	184mm×260mm 16 开本 9 印张 210 千字
版 次	2020 年 5 月第 1 版 2020 年 5 月第 1 次印刷
印 数	0001—3000 册
定 价	26.00 元

前　　言

目前，计算机网络已经渗透到社会的方方面面，随着电子商务的发展，计算机网络以一种前所未有的方式影响着人们的工作和生活。因此，培养大批熟练掌握网络技术的高技能应用型人才是当前社会发展的迫切需求。而网络设备配置与管理是计算机网络专业实践性非常强的课程，要想掌握网络应用技术，必须在学习一定理论知识的基础上，通过大量的实践操作训练，理论结合实践，才能取得不错的学习效果。

本书采用了项目式引领，理论与实践相融合的编写风格，结合学习者的认知规律，由浅入深，分为 8 个项目：绘制网络拓扑图、规划 IP 地址及子网、构建小型局域网、局域网实现冗余、构建中型局域网、构建广域网、局域网安全管理、局域网接入 Internet。每个项目又由多个技能训练任务组成，而且每个任务都配套有微课操作视频，不但便于教师开展混合式教学，还便于学生进行自学。

在本书编写过程中，作者总结自己在网络设备配置方面多年的教学经验，在内容安排上循序渐进、理论结合实践、简明扼要、深入浅出。

本书由河源职业技术学院的安华萍、王艳萍任主编，河源职业技术学院的谭卫、叶红卫、徐文义和池州职业技术学院的王家兰任副主编。本书的出版得到了中国水利水电出版社的大力支持，在此深表感谢。

由于编者水平有限，加之网络发展日新月异、网络设备的生产厂商众多、产品升级换代迅速，书中存在错误和不当之处在所难免，恳请读者批评指正。

编　者
2020 年 2 月

目　　录

项目1
绘制网络拓扑图

【项目目标】

　　知识目标: 熟悉锐捷网络设备的型号和名称,掌握层次化结构。

　　能力目标: 能认识实训室设备,能绘制网络拓扑图。

任务1　认识实训室设备

【用户需求与分析】

　　认识网络实训室机柜里的交换机和路由器的型号、名称。

【预备知识】

一、锐捷网络设备的型号

　　网络实训室里常见的锐捷交换机和路由器以及控制管理器如图 1-1 所示,单排 24 口的设备为 RG-S2026G 锐捷二层交换机,双排 24 口的设备为 RG-S3760-24 三层交换机,RCMS 为控制管理器。

　　(1) 交换机和路由器的命名规则。

　　以交换机 RG-S2026G\RG-S3760-24 型号以及路由器 RG-1700\RG-RSR20 型号为例,命名规则如下:

- RG 代表锐捷厂家名。
- S 代表交换机(Switch),S 后面的数字 2 代表二层交换机,数字 3 代表三层交换机,通常数字越大产品越高端一些,2X 通常代表二层交换机,3X 代表三层交换机,5X 是比 3X 更高端的系列;R 代表路由器(Router),1700、RSR20 代表路由器的型号和系列。
- 24 代表交换机的端口数量。

图 1-1　锐捷交换机和路由器以及控制管理器

（2）RCMS 控制管理器。

RCMS 是一款专门针对网络实验室而开发的控制和管理服务器，具有以下功能：

● 统一管理和控制实验台上的多台网络设备。

● 无须拔插控制台线便可以实现同时管理和控制多台网络设备。

● 提供"一键清"功能，统一清除实验台上网络设备的配置，方便多次实验。

● 图形界面，简单方便。

● 识别多种网络设备。

● 双以太口设计，方便构建远程实验室。

● 设定多种登录权限。

（3）八爪鱼结构。

一般情况下，实训室的一组机柜里放置 9 台设备：1 台 RCMS、4 台锐捷交换机、4 台锐捷路由器。这 8 台交换机和路由器的 console 口各出来一条线，一起接在 RCMS 的上面，这种由 RCMS 控制 8 台设备的结构就称为八爪鱼结构。

二、锐捷交换机的分类

（1）按性能及功能分类。交换机按照性能的高低及功能的多少分为接入交换机、汇聚交换机、核心交换机。排列：接入交换机<汇聚交换机<核心交换机。

（2）按配置管理分类。交换机按照配置管理分为网管交换机和非网管交换机（也叫傻瓜交换机）。

网管交换机：可以对交换机的接口划分网段，控制接口可否上网，配置安全策略。

非网管交换机：插上就能用，不用调试设备和配置命令，通俗地讲就是即插即用。

（3）按接口速率分类。交换机按照接口速率分为百兆交换机和千兆交换机，百兆交换机分为百兆接入－百兆上联和百兆接入－千兆上联，千兆交换机分为千兆接入－千兆上联和千兆接入－万兆上联。

（4）按接口种类分类。交换机按照接口种类分为电口交换机和光口交换机。电口交换机使用较多。

电口交换机：主要接口为电口，即使用双绞线水晶头插交换机的端口，一般为 24 口，也有 8 口和 16 口。

光口交换机有两种：主要接口为光口的交换机和上联口为光口的交换机。

主要接口为光口的交换机：24 个端口全部为光纤 lc 接口的交换机，一般用在数据中心机房或网络的汇聚层。

上联口为光口的交换机：交换机使用电口接入数据，光口上传数据。当交换机距离中心机房的距离超过 100 米（网线传输的极限距离）时，就需要使用光口上联的交换机。光口交换机常用型号为 RG-S5750-24SFP/8GT-E。

三、机柜设备

每组设备（RACK）含 9 台设备：1 台 RCMS、4 台交换机、4 台路由器（R1700）。4 台交换机含有 2 台三层交换机（RG-S3760-24）、2 台二层交换机（RG-S2026）。RCMS 是用来控制和管理 4 台交换机和 4 台路由器的。

锐捷三层交换机 RG-S3760-24 各个接口的作用，除了 24 个普通端口以外，还有 25F-28F、25C-28C，F 是光口，C 是电口，这是光电复用的，端口号相同的光口和电口同时只能用一个。默认是启用电口的，如果想用光口，则需要在端口下输入 media-type fiber。

【任务实施】

认识实训室里的网络设备并完成任务单的填写。

认识实训室设备

【任务小结】

1．注意交换机型号和路由器型号的不同。
2．RCMS 是控制管理器，作用是管理其下的 8 台设备，以图形化界面登录。

任务 2　绘制网络拓扑图

【用户需求与分析】

以河源职业技术学院校园网为例，按层次化结构绘制网络拓扑图。

【预备知识】

一、计算机网络的分类

计算机网络的分类根据不同的标准有不同的方法，下面简单介绍几种分类方法。

1．按地域范围分类

根据覆盖地理范围的大小，计算机网络可分为局域网（Local Area Network，LAN）、城域网（Metropolitan Area Network，MAN）和广域网（Wide Area Network，WAN）。

（1）局域网。局域网是一种在小范围内实现的计算机网络，一般在一个建筑物内，或一个工厂、一个事业单位内部，为单位独有。局域网距离可在十几公里以内，结构简单，布线容易，具有很高的传输速率，延迟小，出错率低。

（2）城域网。城域网又称城市网，它介于局域网和广域网之间，覆盖范围通常是一个城市或地区，是在一个城市内部组建的计算机信息网络，提供全市的信息服务。城域网可包括若干彼此互联的局域网，采用不同的系统硬件、软件和通信传输介质构成，从而使不同类型的局域网能有效地共享信息资源。

（3）广域网。广域网又称远程网，是把众多的城域网、局域网连接起来，实现计算机远距离连接的计算机网络。它涉及的范围比较大，可以分布在一个省内、一个国家或几个国家，结构比较复杂，可实现大范围的资源共享。

2．按通信传播方式分类

（1）点对点传播方式。由机器间的多条链路构成，每条链路连接一对计算机，两台没有直接相连的计算机要通信必须通过其他节点的计算机转发数据。这种网络上的转发报文分组在信源和信宿之间需要通过一台或多台中间设备进行传播。

（2）广播方式。仅有一条通道，由网络上的所有计算机共享。一般来说，局域网使用广播方式，广域网使用点对点方式。

3．按拓扑结构分类

（1）总线型。总线型拓扑结构是将网络中的所有设备通过相应的硬件接口直接连接到公共总线上，节点之间按广播方式通信，一个节点发出的信息，总线上的其他节点均可"收听"到，如图 1-2 所示。

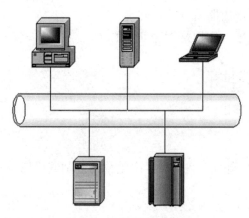

图 1-2　总线型拓扑结构

（2）星型。星型拓扑结构中，每个节点都由一条单独的通信线路与中心节点连接，如图1-3 所示。

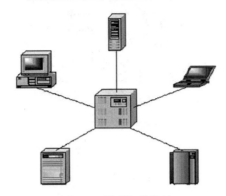

图 1-3　星型拓扑结构

（3）环型。环型拓扑结构中各节点通过通信线路组成闭合回路，环中数据只能单向传输，如图 1-4 所示。

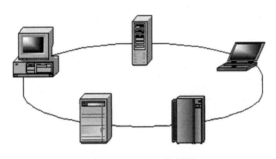

图 1-4　环型拓扑结构

（4）树型。树型拓扑结构有多个中心节点，各个中心节点均能处理业务，但最上面的主节点有统管整个网络的能力，如图 1-5 所示。该结构可以看作是星型结构的扩展。

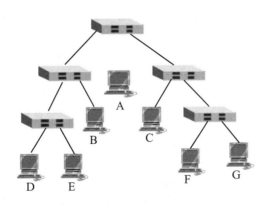

图 1-5　树型拓扑结构

（5）网状型。网状型拓扑结构主要指各节点通过传输线互相连接起来，并且每一个节点至少与其他两个节点相连，是广域网中的基本拓扑结构，不常用于局域网，如图 1-6 所示。

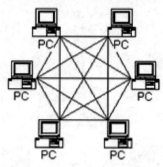

图 1-6   网状型拓扑结构

二、网络传输介质

计算机与其他计算机之间进行通信，它们之间需要建立物理连接。所有的连接材料都可以称为介质。用于连接计算机的传输介质有很多种，大致可分为有线介质（电话线、双绞线、同轴电缆、光纤等）和无线介质（红外线、激光、微波等）。

1. 双绞线

按结构分类，双绞线可分为非屏蔽双绞线（Unshielded Twisted Pair，UTP）和屏蔽双绞线（Shielded Twisted Pair，STP）两类。

按性能指标分类，双绞线可分为 1 类、2 类、3 类、4 类、5 类、超 5 类、6 类。

（1）双绞线的连接器。双绞线与网络设备的接口是 RJ-45，根据连接的双绞线类型，有不同类型的 RJ-45 连接头。

双绞线一般有 3 种线序：直连线、交叉线、翻转线。

直连线用得最多，主要用于计算机（或路由器）与集线器（或交换机），以及有级联端口的交换机或集线器向上级联。

交叉线主要用于连接同种设备。

翻转线用在对路由器、交换机等网络设备进行初始设置时连接计算机的串口与设备的控制台端口，通过超级终端进行设置。

2. 同轴电缆

同轴电缆是指有两个同心导体，而导体和屏蔽层又共用同一轴心的电缆，其结构图如图 1-7 所示。

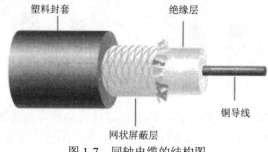

图 1-7   同轴电缆的结构图

3. 光纤

光导纤维简称光纤。在它的中心部分包括了一根或多根玻璃纤维，通过从激光器或发光二极管发出的光波穿过中心纤维来进行数据传输，光纤结构图如图 1-8 所示。

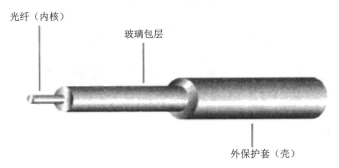

图 1-8　光纤结构图

（1）光纤的分类。按照光纤中光的传输模式来分，光纤分为单模光纤和多模光纤。

● 单模光纤。单模光纤和多模光纤可以从纤芯的尺寸来简单地判别。

● 多模光纤。多模光纤，即发散为多路光波，每一路光波走一条通路。

单模光纤只能传输一种波长的光，多模光纤可以传输不同波长的光。单模光纤价格高，传输质量好，传输距离远，而多模光纤便宜，质量差，传输距离近。

（2）单模光纤与多模光纤的区别。

● 单模光纤和多模光纤都是为了远距离高质量地传输网络信号而使用的。区分单模和多模，依据的是光在其内部的传播方式。光在单模光纤中沿着直线进行传播，无反射，所以其传播距离非常远。而多模光纤则可以承载多路光信号的传送。

● 从外观上看，黄色的光纤线一般是单模光纤，橘红色或者灰色的光纤线一般是多模光纤。两者在缆芯上的区别是，多模光纤的缆芯尺寸为 50.0μm 和 62.5μm，而单模光纤的缆芯尺寸是 9.0μm。

【任务实施】

校园网是为学校师生提供教学、科研和综合信息服务的多媒体网络，它是一个具有交互功能的专业性很强的局域网络。

visio 绘制网络拓扑图

这里选取的校园网拓扑结构主要采用典型的三层结构，如图 1-9 所示。

1. 校园网拓扑结构设计

校园网主要接入电信网和教育网，实现千兆主干、百兆桌面，校园网出口接入 5G 光纤。学校机房配备了很多服务器、核心交换机和路由器，采用防火墙来保护校园网用户安全，通过计费管理软件对用户进行管理，对学校建成的网站提供 DNS、E-mail、WWW 和 FTP 等 Internet 服务。

2. 校园网拓扑结构图绘制

（1）使用 Visio 绘制网络拓扑结构图。在 Office 软件菜单下打开 Visio 软件，选择类别网络，单击详细网络图，如图 1-10 所示。

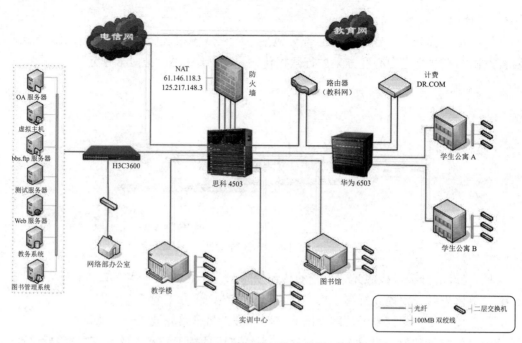

图 1-9 校园网拓扑结构图

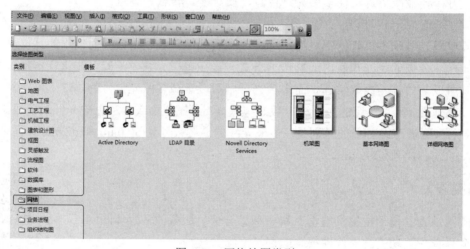

图 1-10 网络绘图类型

（2）在详细网络图下进入绘图模式，如图 1-11 所示，左侧是可以选择的网络拓扑图库，把需要选择的图标拖到右侧的网格中，如图 1-12 所示。

（3）若需要选择的图标没有在左侧下拉菜单中找到，则可以单击"文件"→"形状"→"网络"，在级联菜单中单击需要调出的模块选择相应的设备，如图 1-13 所示。所有可供选择的图标都是标准化构件，没有任何品牌公司的标注，需要的话可以在网络上选取相应的网络设备图片粘贴到相应的位置上。

（4）连接线的选择。可以通过绘图工具来选择需要的连接线，如图 1-14 所示。连接线的选择基本上和 Word 中方法一致。

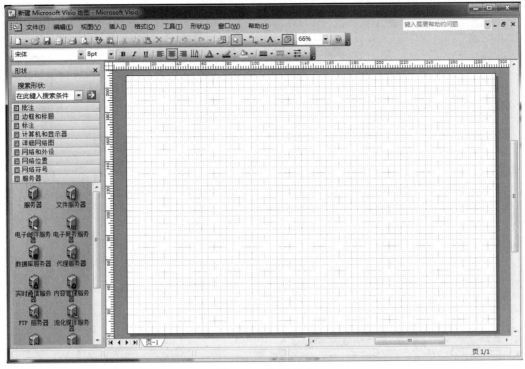

图 1-11　绘图模式

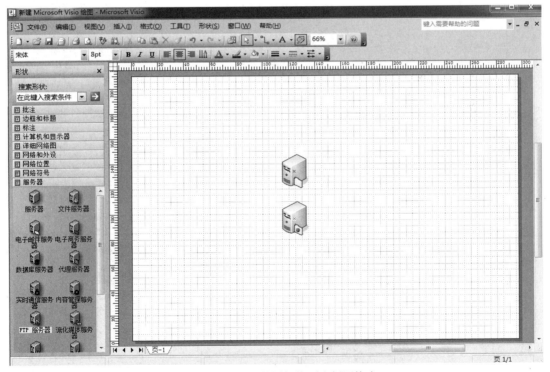

图 1-12　将选择的图标拖到右侧网格中

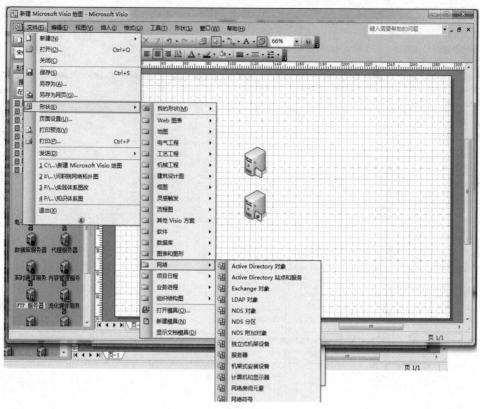

图 1-13　增加网络图库

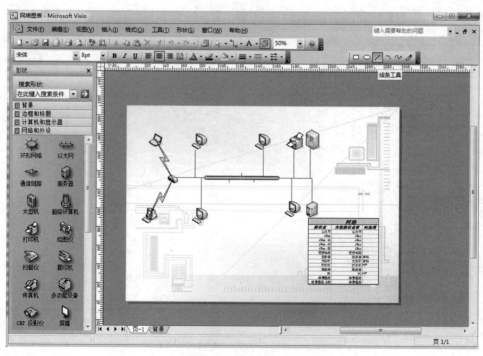

图 1-14　选择连接线

【任务小结】

1．绘制网络拓扑结构图时注意层次化结构。
2．备注区不同的颜色和粗细代表不同的传输介质。

【拓展任务】

绘制某公司的网络拓扑结构图或各自学校校园网拓扑结构图。

课后习题

1．如果某局域网的拓扑结构是（　　），则局域网中任何一个节点出现故障都不会影响整个网络的工作。

　　A．总线型结构　　　　B．树型结构　　　　C．环型结构　　　　D．星型结构

2．一般办公室网络的类型是（　　）。

　　A．局域网　　　　　　B．城域网　　　　　C．广域网　　　　　D．互联网

3．下列关于单模光纤和多模光纤的说法中正确的是（　　）。

　　A．单模光纤芯径小，10μm 左右，具有更大的通信容量和传输距离

　　B．多模光纤芯径小，10μm 左右，具有更大的通信容量和传输距离

　　C．多模光纤芯径大，62.5μm 或 50μm，具有更大的通信容量和传输距离

　　D．多模光纤比单模光纤传输距离更远

4．下列传输介质中，（　　）的传输速率最高。

　　A．双绞线　　　　　　B．同轴电缆　　　　C．光缆　　　　　　D．无线介质

项目2
规划 IP 地址及子网

【项目目标】

知识目标: 熟悉 IP 地址的分类,掌握定长子网掩码划分子网和可变长子网掩码划分子网的知识。

能力目标: 能进行定长子网及不定长子网的划分。

任务1　定长子网划分

【用户需求与分析】

某单位有计算机 100 台左右,原来都是在 192.168.10.0 /24 C 类网络中,为了提高网络的性能、加强网络的安全性,要求单位的计算机按财务、人事、配件、售后这 4 个部门进行划分,每个部门用一个独立的子网(总共 4 个子网),每个子网在 30 台计算机以内,请写出详细的分配方案。

针对单位对子网个数和容纳主机数量的要求,可以通过对 C 类网络进行子网划分来实现。

【预备知识】

在 Internet(又称因特网)上各种网络设备进行通信必须遵循网络通信协议——TCP/IP 协议。在这个协议中有两个非常重要的协议:TCP 和 IP,其中 TCP 主要用来管理网络通信的质量,保证网络传输中不发生错误,而 IP 主要用来为网络传输提供通信地址,保证准确地找到接收数据的计算机。

一、IP 地址基础知识

1. IP 地址

IP 是 Internet Protocol 的缩写,意思是"网络之间互连的协议",也就是为计算机网络相互连接进行通信而设计的协议。在因特网中，它是能使连接到网上的所有计算机网络实现相互通信的一套规则，规定了计算机在因特网上进行通信时应当遵守的规则。任何厂家生产的计算机系统，只要遵守 IP 协议就可以与因特网上互连互通。正是因为有了 IP 协议，因特网才得以迅速发展成为世界上最大的、开放的计算机通信网络。因此，IP 协议也可以叫做"因特网协议"。Internet 上的每台主机（Host）都有一个唯一的 IP 地址，IP 地址被用来给 Internet 上的计算机一个编号，通过 IP 地址来标识主机，类似于电话号码，通过电话号码找到相应的电话，电话号码没有重复的，IP 地址也是唯一的。

IP 地址就像是我们的家庭住址一样，如果你要写信给一个人，你就要知道他（她）的地址，这样邮递员才能把信送到。计算机发送信息就好比是邮递员送信，它必须知道唯一的"家庭地址"才不至于把信送错人家。只不过我们的地址是用文字来表示的，而计算机的地址用二进制数字表示。

2．IPv4 地址表示

IPv4 地址是以 32 位二进制数的形式存储在计算机中。32 位的二进制数由网络标识和主机标识两部分组成，如图 2-1 所示。其中网络标识表示该主机所在的网络，主机标识表示该网络中特定的主机，因为网络标识所给出的网络位置才使得路由器为数据通信提供一条合适的路径。

网络标识	主机标识

32 位二进制数

图 2-1　IP 地址组成

由于 32 位二进制数不好书写和记忆，因此通常采用点分十进制数来表示，把 32 位的 IP 地址分为 4 个 8 位组，每个 8 位组以一个十进制数来表示，中间用"."隔开。每个十进制数取值范围为 0～255，如图 2-2 所示。

32 位二进制表示	点分十进制表示
00001010.01100100.00001000.01100100	10.100.8.100
10101100.00010000.00010010.00001010	172.16.18.10
11000000.10101000.01100100.00000001	192.168.100.1
11001010.01100000.10000000.10100110	202.96.128.166

图 2-2　IP 地址表示法

3．IP 地址的分类

Internet 上将 IP 地址分为 A、B、C、D、E 五类，其中 A、B、C 类地址可供用户使用，D、E 类地址不作分配。

（1）A 类地址。A 类地址网络地址部分为 8 位，主机地址部分为 24 位，用于超大规模网络。A 类地址中网络位占前 8 位，主机位占 24 位，首位二进制数必须是 0，因此第一个 8 位组的最小值是 00000000（十进制数为 0），最大值是 01111111（十进制数为 127），但是 0 和 127 两个数保留不用，不能用作网络地址，所以 A 类地址第一个 8 位组取值范围为 1～126；每个 A 类地址可容纳的主机数为 2^{24}-2 台（即 16777214 台，其中全 0、全 1 地址不可用）。

（2）B 类地址。B 类地址网络地址部分为 16 位，主机地址部分为 16 位，用于中等规模网络。B 类地址中网络位占前 16 位，主机位占 16 位，前两位二进制数必须是 10，因此第一个 8 位组的最小值是 10000000（十进制数为 128），最大值是 10111111（十进制数为 191），所以 B 类地址第一个 8 位组取值范围为 128～191；每个 B 类地址可容纳的主机数为 2^{16}-2 台（即 65534 台，其中全 0、全 1 地址不可用）。

（3）C 类地址。C 类地址网络地址部分为 24 位，主机地址部分为 8 位，用于小型网络。C 类地址中网络位占前 24 位，主机位占 8 位，前两位二进制数必须是 110，因此第一个 8 位组的最小值是 11000000（十进制数为 192），最大值是 11011111（十进制数为 223），所以 C 类地址第一个 8 位组取值范围为 192～223；每个 C 类地址可容纳的主机数为 2^{8}-2 台（即 254 台，其中全 0、全 1 地址不可用）。

（4）D 类地址。D 类地址是组播地址，地址范围为 224.0.0.0～239.255.255.255。

（5）E 类地址。E 类地址保留实验和未来使用，地址范围为 240.0.0.0～247.255.255.255。

IP 地址的分类如图 2-3 所示。

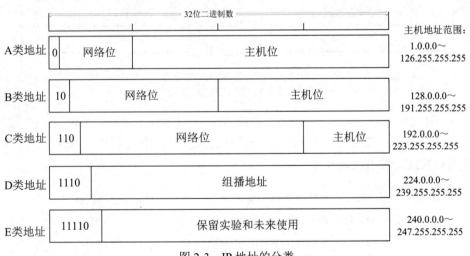

图 2-3　IP 地址的分类

4．IP 地址分配机构

互联网上的 IP 地址由国际网络信息中心（Network Information Center，NIC）统一进行分配和管理。

目前全世界共有 3 个这样的网络信息中心：InterNIC（负责美国及除欧洲和亚太的其他地区）、ENIC（负责欧洲地区）、APNIC（负责亚太地区）。我国申请 IP 地址要通过 APNIC，APNIC 的总部设在日本东京大学。

5. 子网掩码

子网掩码又叫网络掩码、地址掩码，它用来指明一个 IP 地址的哪些位标识的是子网，哪些位标识的是主机位。子网掩码不能单独存在，它必须结合 IP 地址一起使用。与 IP 地址相同，子网掩码的长度也是 32 位，左边是网络位，用二进制数字"1"表示；右边是主机位，用二进制数字"0"表示。只有通过子网掩码，才能表明一台主机所在的子网与其他子网的关系，使网络正常工作。

A、B、C 三类网络默认的子网掩码如表 2-1 所示。

表 2-1　默认的子网掩码

类型	二进制表示的子网掩码	十进制表示的子网掩码
A 类	11111111.00000000.00000000.00000000	255.0.0.0
B 类	11111111.11111111.00000000.00000000	255.255.0.0
C 类	11111111.11111111.11111111.00000000	255.255.255.0

为了表达的方便，在书写上还可以采用 X.X.X.X/Y 的方式来表示 IP 地址与子网掩码，其中 X 表示 IP 地址，Y 表示子网掩码中与网络位对应的位数。例如 192.168.10.2，子网掩码为 255.255.255.0，可以表示为 192.168.10.2/24；而 192.168.10.30，子网掩码为 255.255.255.224，可以表示为 192.168.10.30/27。

6. 特殊地址

在 IP 地址空间中，有一些地址被保留作为特殊之用，这些保留的地址称为特殊地址。

（1）网络地址。

网络地址是互联网上的节点在网络中具有的逻辑地址。它是具有正常的网络位部分，主机位为"0"的地址，代表一个特定的网络，即作为网络标识之用，通常在路由表中。如 10.0.0.0、172.16.0.0、192.168.10.0 分别代表一个 A 类、B 类、C 类的网络地址。

（2）广播地址。广播地址是专门用于向网络中的所有工作站进行发送的一个地址。它是具有正常的网络位部分，主机位为"1"的地址，广播的分组传送给此网络段所涉及的所有计算机。

- 受限的广播地址。受限的广播地址是 255.255.255.255。该地址用作主机配置过程中 IP 数据包的目的地址，此时主机可能还不知道它所在网络的网络掩码，甚至连它的 IP 地址也不知道。在任何情况下，路由器都不转发目的地址为受限的广播地址的数据报，这样的数据报仅出现在本地网络中。
- 指向网络的广播地址。指向网络的广播地址是主机位为全 1 的地址。A 类网络广播地址为 netid.255.255.255，其中 netid 为 A 类网络的网络位。一个路由器必须转发指向网络的广播，但它也必须有一个不进行转发的选择。
- 指向子网的广播地址。指向子网的广播地址是主机位为全 1 且有特定子网位的地址。作为子网直接广播地址的 IP 地址需要了解子网的掩码。例如，如果路由器收到发往 128.1.2.255 的数据报，当 B 类网络 128.1 的子网掩码为 255.255.255.0 时，该地址就是指向子网的广播地址；但如果该子网的掩码为 255.255.254.0，该地址就不是指向子网的广播地址。

（3）回送地址。A类网络地址的第一个十进制段为127是一个保留地址，用于网络测试和本地机进程间通信，如127.0.0.1，一旦使用回送地址发送数据，协议软件立即返回，不进行任何网络传输。

（4）私有地址。在现在的网络中，IP地址分为公网IP地址和私有IP地址。公网IP地址是在Internet上使用的IP地址，而私有IP地址是在局域网中使用的IP地址，无法在Internet上使用。当私有网络内的主机要与位于公网上的主机进行通信时必须经过网络地址转换（Network Address Translation，NAT），将其私有地址转换为合法公网地址才能对外访问。

私有地址属于非注册地址，专门为组织机构内部使用。下面列出了留用的内部私有地址。

A类：10.0.0.0～10.255.255.255。

B类：172.16.0.0～172.31.255.255。

C类：192.168.0.0～192.168.255.255。

二、IP子网划分的概念

一个A类网络可以容纳16777214（2^{24}-2）台主机，实际上一个局域网含有上百台计算机是很正常的，而含有几千台设备的就不多见了，因此浪费的IP地址是非常多的。基于这个问题，提出了子网划分的方法。

当网络中的主机总数未超出所给定的某类网络可容纳的最大主机数，但内部又要划分成若干分段进行管理时，就可以采用子网划分的方法。

三、IP子网划分的方法

子网划分的过程就是将IP网络进一步划分成许多小的部分，这些部分称为子网。也可以认为子网就是被细分的网络，可以像正常的IP地址使用。子网IP地址的格式如图2-4所示。创建子网的目的是解决IP地址浪费的问题，经过划分后向主机地址借出高若干位给网络部分，那么主机位少了，每个子网中的主机数量也就减少了。

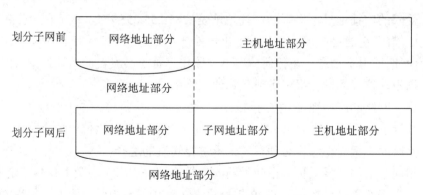

图2-4 子网IP地址的格式

在子网划分时，首先要明确划分后所要得到的子网数量和每个子网中所要拥有的主机数，然后才能确定需要从原主机位借出的子网络标识位数。原则上，根据全"0"和全"1"IP 地址保留的规定，子网划分时至少要从主机位的高位中选择两位作为子网位，而只要能保证保留两位作为主机位，A、B、C 类网络最多可借出的子网位是不同的，A 类可达 22 位，B 类为 14 位，C 类为 6 位。

显然，当借出的子网位数不同时，相应可以得到的子网数量及每个子网中所能容纳的主机数也是不同的，如表 2-2 所示。

表 2-2　子网位数和子网数量的关系

网位	子网数	有效子网数
1	$2^1=2$	$2^1-2=0$
2	$2^2=4$	$2^2-2=2$
3	$2^3=8$	$2^3-2=6$
4	$2^4=16$	$2^4-2=14$
5	$2^5=32$	$2^5-2=30$
……	……	……

1. 子网位（二进制方法）

采用二进制的方法找出子网位的关键在于：
- 每个子网位的网络部分与待划分 IP 网络位的网络部分相同。
- 每个子网位主机部分全为 0。
- 子网位的子网部分都不相同，用来区别各个子网。

其中进行子网划分时，0 对应位子网的十进制表示法和有类 IP 网络位是相同的，并且根据分类 IP 规则 0 对应位子网保留不作使用。

2. 子网广播地址（二进制方法）
- 在每个二进制表示的子网位中，将所有的主机位都换成 1。
- 将这些位码转换为十进制，按照 8 位一组（即便一个字节中包含子网和主机部分）转换为十进制。

3. IP 地址（二进制方法）
- 为了找出子网内可供分配的最小 IP 地址，只需要将子网地址加 1。
- 为了找出子网内可供分配的最大 IP 地址，只需要把子网广播地址减 1。

【任务实施】

某单位有计算机 100 台左右，原来都是在 192.168.10.0 /24 C 类网络中，为了提高网络的性能、加强网络的安全性，要求单位的计算机按财务、人事、配件、售后这 4 个部门进行划分，每个部门用一个独立的子网（总共 4 个子网），每个子网在 30 台计算机以内，网络拓扑结构图如图 2-5 所示，请写出详细的分配方案。

IP 地址定长子网划分

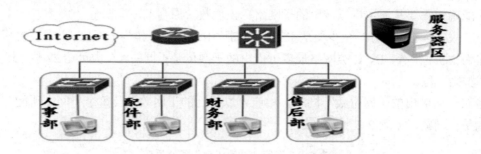

图 2-5　网络拓扑结构图

步骤 1：根据子网个数确定借几位表示子网位。

根据公司要求划分 4 个独立的子网，一个网络中首尾两个子网块不能用，所以实际上至少需要 6 个子网段。如果借 S 位，可以划分的子网数为 $2^S-2 \geqslant 4$，那么 $S \geqslant 3$。

步骤 2：确定每个子网容纳的主机数。

如果 S=3，那么 32 位二进制数中，24 位用于表示网络，3 位表示子网，主机仅剩下 5 位，所以每个子网中可容纳的主机数为 $2^5-2=30$ 台，满足要求。

如果 S=4，那么表示主机位的就剩下 4 位了，容纳的主机数为 $2^4-2=14$ 台，不能满足要求。所以只能借 3 位才能满足要求。

步骤 3：根据子网个数确定子网掩码。

由 C 类地址可知，默认的子网掩码为 255.255.255.0，其二进制表示为 11111111.11111111.11111111.00000000，其 1 的部分表示网络 ID，0 的部分表示主机 ID。现在向主机位借 3 位，掩码变为 11111111.11111111.11111111.11100000，即 255.255.255.224。

步骤 4：确定子网地址。

把 192.168.10.0 转化为二进制数求得所有的子网地址，子网地址就是主机位为 0 的地址。

网络位	子网位	主机位	子网地址
11000000.10101000.00001010.	000	00000	192.168.10.0
11000000.10101000.00001010.	001	00000	192.168.10.32
11000000.10101000.00001010.	010	00000	192.168.10.64
11000000.10101000.00001010.	011	00000	192.168.10.96
11000000.10101000.00001010.	100	00000	192.168.10.128
11000000.10101000.00001010.	101	00000	192.168.10.160
11000000.10101000.00001010.	110	00000	192.168.10.192
11000000.10101000.00001010.	111	00000	192.168.10.224

注：全 0、全 1 的保留不用。

步骤 5：确定广播地址。

把 192.168.10.0 转化为二进制数求得所有的广播地址，广播地址就是主机位为 1 的地址。

网络位	子网位	主机位	广播地址
11000000.10101000.00001010.	000	11111	192.168.10.31
11000000.10101000.00001010.	001	11111	192.168.10.63
11000000.10101000.00001010.	010	11111	192.168.10.95
11000000.10101000.00001010.	011	11111	192.168.10.127
11000000.10101000.00001010.	100	11111	192.168.10.159
11000000.10101000.00001010.	101	11111	192.168.10.191
11000000.10101000.00001010.	110	11111	192.168.10.223
11000000.10101000.00001010.	111	11111	192.168.10.255

注：全 0、全 1 的保留不用。

步骤 6：确定可用 IP 地址范围。

● 子网中可供分配的最小 IP 地址就是将子网地址加 1。

● 子网中可供分配的最大 IP 地址就是将子网广播地址减 1。

得到的可供分配的 IP 地址如表 2-3 所示。

表 2-3　IP 地址分配表

子网地址	最小 IP 地址	最大 IP 地址	广播地址
192.168.10.0*	192.168.10.1	192.168.10.30	192.168.10.31
192.168.10.32	192.168.10.33	192.168.10.62	192.168.10.63
192.168.10.64	192.168.10.65	192.168.10.94	192.168.10.95
192.168.10.96	192.168.10.97	192.168.10.126	192.168.10.127
192.168.10.128	192.168.10.129	192.168.10.158	192.168.10.159
192.168.10.160	192.168.10.161	192.168.10.190	192.168.10.191
192.168.10.192	192.168.10.193	192.168.10.222	192.168.10.223
192.168.10.224*	192.168.10.225	192.168.10.254	192.168.10.255

注：*保留不用。

从上面分配的 6 个可用子网中，取出任意的 4 个子网的 IP 给财务、人事、配件、售后这 4 个部门，每个部门可用 IP 地址有 30 个。

【任务小结】

1．注意子网划分时，是依据子网个数来确定要向主机位借位多少位。

2．主机位全为 0 时是子网位，主机位全为 1 时为广播地址，这 2 个地址都不能分配给普通主机作 IP 地址用。

【拓展任务】

划分 B 类网络子网，已知 IP 地址为 172.16.2.160/26，求：

（1）子网位。

（2）广播地址。

（3）有效的 IP 地址范围。

任务2　VLSM 的子网划分

【用户需求与分析】

某分公司从总部分到一 IP 网络为 172.16.32.0/20，该分公司内又划分了 5 个 VLAN（即有 5 个子网），而每个子网的主机数量不超过 50 台，请规划 IP 子网。针对分配的网段，要求使用可变长掩码的子网划分来实现。

【预备知识】

一、VLSM 的定义

VLSM 是 Variable Length Subnet Mask 的缩写，中文意思为可变长子网掩码。

VLSM 其实就是相对于类的 IP 地址来说的。A 类地址的第一段是网络位（前 8 位），B 类地址的前两段是网络位（前 16 位），C 类地址的前三段是网络位（前 24 位）。而 VLSM 的作用就是在类的 IP 地址的基础上，从它们的主机位部分借出相应的位数来作网络位，也就是增加网络位的位数。各类网络可以用来再划分子网的位数为：A 类有 24 位可以借，B 类有 16 位可以借，C 类有 8 位可以借（可以再划分的位数就是主机位的位数。实际上不可以都借出来，因为 IP 地址中必须要有主机位的部分，而且主机位部分剩下一位是没有意义的，所以在实际中可以借的位数是在上面那些数字中再减去 2，借的位作为子网部分）。

二、扩展知识 IPv6

IPv4 是 32 位地址分成 4 个 8 位分组，每个位写成十进制。

IPv6 的 128 位地址则以 16 位为一分组，每个 16 位分组写成 4 个十六进制数，中间用冒号分隔，称为冒号分十六进制格式。

（1）完整的 IPv6 地址。

21DA:00D3:0000:2F3B:02AA:00FF:FE28:9C5A

（2）简化（去掉前导 0）的 IPv6 地址。

21DA:D3:0:2F3B:2AA:FF:FE28:9C5A

（3）连续 0 位合并的 IPv6 地址。

1080:0:0:0:8:800:200C:417A　　合并为　　　1080::8:800:200c:417A

注意：::只能在一个地址中出现一次。

（4）内嵌 IPv4 地址的 IPv6 地址（32 位低位顺序字节的十进制）。

0:0:0:0:0:0:192.167.2.3 或者::192.167.2.3

【任务实施】

步骤 1：将给定的网络地址转换为 32 位二进制数。

IP 地址可变长子网划分

$$172 \quad . \quad 16 \quad . \quad 32 \quad . \quad 0/20$$

二进制：　　　10101100.00010000.0010|0000.00000000

步骤 2：确定向主机位借的位数。

根据每个子网中可容纳的主机数不超过 50 台即 $2^n-2=50$ 得 n=6，即主机位至少保留 6 位才能满足要求，32-20-6=6，说明 20 位的子网可以向主机位借位 6 位进行子网划分，最多可以划分 2^6-2 个子网，这里只需要划分 5 个子网，完全满足需求。

VLSM 地址：172.16.32.0/26

对应二进制：　　10101100. 00010000.0010|0000.00|000000

　　　　　　　10101100. 00010000.0010|0000.01|000000

　　　　　　　10101100. 00010000.0010|0000.10|000000

　　　　　　　10101100. 00010000.0010|0000.11|000000

　　　　　　　10101100. 00010000.0010|0001.00|000000

　　　　　主类网络　　.子网 VLSM　　子网

步骤 3：确定 5 个子网，即 172.16.32.0/26、172.16.64.0/26、172.16.128.0/26、172.16.192.0/26、172.16.33.0/26。

步骤 4：确定每个子网容纳的主机数。

主机位：32-26=6，容纳的主机数为 $2^6-2=62$ 台，满足要求。

【任务小结】

可变长子网掩码（VLSM）从剩下的主机位借位继续划分。

课后习题

1. 下列主机中位于同一个网络中的是（　　）。

　　A．IP 地址为 192.168.1.161/27 的主机

　　B．IP 地址为 192.168.1.240/27 的主机

　　C．IP 地址为 192.168.1.154/27 的主机

　　D．IP 地址为 192.168.1.190/27 的主机

2. IP 地址是 211.116.18.10，子网掩码是 255.255.255.252，其广播地址是（　　）。

　　A．211.116.18.255　　　　　　　　B．211.116.18.11

　　C．211.116.18.12　　　　　　　　　D．211.116.18.14

3．IP 地址是 201.114.18.190，子网掩码是 255.255.255.192，其子网地址是（　　）。

    A．201.114.18.64　　　　　　　　B．201.114.18.96

    C．201.114.18.128　　　　　　　　D．201.114.18.160

4．IP 地址是 102.2.3.3，子网掩码是 255.255.249.0，网络位和主机位的位数为（　　）。

    A．20，12　　　　B．21，11　　　　C．22，10　　　　D．24，8

项目3
构建小型局域网

计算机网络影响着现代人生活的很多方面,各大高校内部也都建立起了局域网,但是由于接入的设备越来越多,迫切需要一种技术来解决在局域网内部出现的一些问题。VLAN 的产生使得管理员根据实际应用需求,把同一物理局域网内的不同用户逻辑地划分成不同的广播域,每一个 VLAN 都包含一组有着相同需求的计算机工作站,与物理上形成的 LAN 有着相同的属性。由于它是从逻辑上划分,而不是从物理上划分,所以同一个 VLAN 内的各个工作站没有限制在同一个物理范围内,即这些工作站虚拟局域网是基于局域网交换网络技术的。

【项目目标】

知识目标: 理解 VLAN 的基本概念及其应用场合,掌握按端口划分 VLAN 的原理和配置命令,掌握交换机之间 Trunk 的配置命令,掌握路由子接口的划分和 dot1q 封装协议,掌握三层交换机路由功能开启的命令。

能力目标: 能使用三层交换机进行端口配置,能通过 VLAN Trunk 配置跨交换机的 VLAN,能通过路由器、三层交换机分别实现不同 VLAN 间的通信。

任务1 交换机的基本配置

【用户需求与分析】

某学校信息中心部门新来了一位网管,部门要求其熟悉网络产品。首先要求登录交换机,了解并掌握交换机的命令行操作技巧,并使用一些基本命令进行配置。

根据需求,需要在交换机上熟悉各种不同的配置模式,以及如何在配置模式间切换,使用命令进行基本的配置,并熟悉命令行界面的操作技巧。

【预备知识】

一、交换机硬件组成

交换机相当于一台特殊的计算机，同样由硬件和软件组成。硬件包括 CPU、存储介质、端口等。软件主要有 iOS 操作系统。交换机的端口主要有以太网端口（Ethernet）、快速以太网端口（Fast Ethernet）、吉比特以太网端口（Gigabit Ethernet）和控制口。

（1）中央处理单元（Central Processing Unit，CPU）：控制和管理交换机的功能，控制和管理交换机所有网络通信的运行。

（2）交换机背板的 ASIC 芯片：集成电路，交换机所有端口之间直接并行转发数据，以提高交换机高速转发数据性能。

（3）RAM、ROM：RAM 用于辅助 CPU 工作，对 CPU 处理的数据进行暂时存储；ROM 用于保存交换机操作系统程序以及交换机系统的配置文件信息等。

（4）FLASH：用于保存交换机的操作系统程序以及交换机系统的配置文件信息等。

（5）非易失性 RAM（NVRAM）：用于存储交换机的初始化或启动配置文件（startup-config），系统启动时将从其中读取该配置文件。

二、交换机的访问方式

交换机的管理方式分为带内管理和带外管理，一般来说，可以通过 4 种方式进行配置。第一种方式属于带内管理，其余 3 种方式属于带外管理。

（1）通过 Console 口访问交换机。新交换机在进行第一次配置时必须通过 Console 口访问交换机。其中交换机的 Console 口和计算机的串口是通过反转线连接起来的。

（2）通过 Telnet 访问交换机。如果管理员不在交换机跟前，可以通过 Telnet 远程配置交换机，当然需要预先在交换机上配置 IP 地址和密码，并保证管理员的计算机和交换机之前是 IP 可达的。

（3）通过 Web 方式对交换机进行远程管理。

（4）通过 Ethernet 上的 SNMP 网管工作站。通过网管工作站进行配置，需要网络中至少有一台 Ciscoworks 或 Cisco View 网管工作站，还需要购买网管软件。

三、交换机的配置模式

（1）用户模式。当 PC 和交换机建立连接并配置好仿真终端时，首先处于用户模式（User EXEC 模式）。在用户模式下，可以使用少量用户模式命令，命令的功能也受到一定限制。用户模式命令的操作结果不会被保存。用户模式状态：Switch>。

（2）特权模式。要想在可网管交换机上使用更多的命令，必须进入特权模式（Privileged EXEC 模式）。通常由用户模式进入特权模式时必须输入进入特权模式的命令：enable。在特权模式下，用户可以使用所有的特权命令，可以使用命令的数目也增加了很多。特权模式状态：Switch#。

（3）配置模式。通过 configure terminal 命令，可以由特权模式进入配置模式。在配置模式下，可以使用更多的命令来修改交换机的系统参数。

使用配置模式（全局配置模式、接口配置模式、VLAN 配置模式、线程工作模式）的命令会对当前的配置产生影响。如果用户保存了配置信息，这些命令将被保存下来，并在系统重新启动时再次执行。要进入各种配置模式，首先必须进入全局配置模式。从全局配置模式出发可以进入接口配置模式等各种配置子模式。全局模式状态：switch(config)#。退出当前模式可以使用 exit 或 end 命令，使用命令 exit 后退一步，使用命令 end 可以从当前模式直接退回到特权模式 switch#。几种配置模式输入口令的关系如表 3-1 所示。

表 3-1　交换机的配置模式

提示符及命令	配置模式
Switch>enable	用户模式
Switch#confit terminal	特权模式
Switch(config)#interface f0/1	全局配置模式
Switch(config-if)#exit	接口配置模式

【任务实施】

实训设备：1 台三层交换机、1 台计算机、1 条配置线缆。

网络拓扑结构图如图 3-1 所示。

交换机基本配置

图 3-1　任务 1 的实训网络拓扑结构图

连接线要使用专用的配置线缆，线的两端一端接计算机的 COM 口，另一端接所要配置交换机的 Console 口。

在实训室完成该任务时，直接打开机柜的登录配置界面，单击其中一台交换机进去即可对该交换机进行配置。若是没有机柜，而只有单独的一台交换机摆在面前，就需要按照拓扑结构图连接好，然后打开"超级终端"（Windows 7 操作系统没有自带超级终端，可以下载超级终端软件 Hyper Terminal 或 SecureCRT），这里以超级终端软件 Hyper Terminal 为例，打开界面，单击绿色加号，设置好连接端口及端口属性，如图 3-2 所示，就可以对该交换机进行单独配置了。

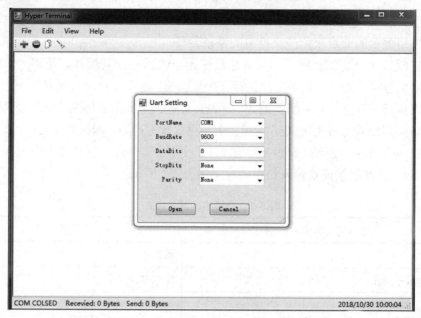

图 3-2　端口属性

步骤 1：交换机各个操作模式之间的切换。

```
Switch>enable
!使用 enable 命令从用户模式进入特权模式
Switch#configure terminal
Enter configuration commands, one per line.　End with CNTL/Z.
!使用 configure terminal 命令从特权模式进入全局配置模式
Switch(config)#interface fastEthernet 0/1
!使用 interface 命令进入接口配置模式
Switch(config-if)#exit
!使用 exit 命令退回上一级操作模式
Switch(config)#interface fastEthernet 0/2
Switch(config-if)#end
Switch#
!使用 end 命令直接退回特权模式
```

步骤 2：交换机命令行界面基本功能。

```
Switch>?
!显示当前模式下所有可执行的命令
Switch>en　<tab>
Switch>enable
!使用 tab 键补齐命令
Switch#con?
!显示当前模式下所有以 con 开头的命令
Switch#conf t
!configure terminal 缩写成 conf t
Switch(config)#interface ?
!显示 interface 命令后可执行的参数
```

步骤 3：配置交换机的名称和每日提示信息。

```
Switch(config)#hostname L3-SW
L3-SW(config)#
!更改交换机的名称为 L3-SW
L3-SW(config)#no hostname
Switch(config)#
!还原交换机的名称为 Switch
switch(config)#no ip domain-lookup
!关闭域名解析功能，避免打错字符时长时间解析
Switch（config）#banner motd $
!使用 banner 命令设置交换机的每日提示信息，参数 motd 指定以哪个字符为信息的结束符
Enter TEXT message.End with the character '$'
!提示输入文本信息并以$符号结束
Welcome to    hezhiyuan!!!!    $
!输入的信息
Switch>
!输入信息后退出到用户模式，重新开启交换机
```

步骤 4：配置接口状态。

锐捷全系列交换机 fastEthernet 接口默认情况下是 10/100Mb/s 自适应端口，双工模式也是自适应（端口速率、双工模式可配置）。默认情况下，所有交换机端口均开启。

如果网络中有一些型号比较旧的主机，在使用 10Mb/s 网卡，传输模式为半双工时，为了能够实现主机之间的正常访问，现把和主机相连的交换机端口速率设为 10Mb/s，传输模式设为半双工，并开启该端口进行数据的转发。

```
Switch(config)#int    f0/1
!进入端口 f0/1 的配置模式
!interface fastEthernet 0/1 可缩写成 int f0/1
Switch(config-if)#speed 10
!配置端口速率为 10Mb/s
Switch(config-if)#duplex half
!配置端口的双工模式为半双工
Switch(config-if)#no shutdown
!激活端口，使端口转发数据。交换机端口默认已经开启
!如果需要将交换机端口的配置恢复默认值，可以使用 default 命令
Switch(config)#int    f0/1
Switch(config-if)#default    bandwidth
Switch(config-if)#default    duplex
Switch(config-if)#end
Switch#
```

步骤 5：查看交换机的系统信息和配置信息。

```
Switch#show version
!查看交换机的系统信息
Switch#show    running-config    （可以缩写成 sh    run）
!查看交换机当前生效的配置信息，该信息存储在 RAM（随机存储器）里，当交换机断电时，刚刚所做
!的配置信息就消失了，重新启动时会重新生成新的配置信息
```

步骤 6：保存配置。以下 3 条命令都可以保存配置。

```
Switch#copy  running-config  startup-config
Switch#write memory
Switch#write
```

在真实设备上要慎重使用保存命令。可在模拟器上随意练习使用。

【任务小结】

1．登录配置界面的步骤（假设 IP 地址采用的是 172.16 开头的网段）：

（1）打开机柜电源，确认机柜中设备 RCMS 后面的网线是亮灯的状态。

（2）修改 A 线（假设实训室计算机网卡上接有两条网线，A 线用于连接上网，B 线接在各自机柜组上，用于连接交换机或路由器）IP 地址为 172.16.X.X，网关为 172.16.X.1，子网掩码为 255.255.0.0。

（3）打开 IE 浏览器，输入相应网关 172.16.X.1:8080。

2．出现不了登录界面时的操作：

● 检查 IP 配置情况，网关设置成相应的 172.16.1.1 /172.16.2.1/ 172.16.3.1。

● 检查是否启用了 A 线，禁用了 B 线。

● 检查是否关闭了防火墙。

3．登录设备后在用户模式下> enable(en)，若提示输入密码，请输入 ruijie 或 star；若密码一直不对，请输入 enable 14，然后输入 ruijie 或 star；若密码还不对，请输入 enable 15，然后输入 ruijie 或 star。

4．重启相关设备：switch#reload。

任务 2　在交换机上配置 Telnet

【用户需求与分析】

园区网覆盖范围较大时，交换机会分别放置在不同的地点，如果每次配置交换机都到交换机所在地点现场配置，那么管理员的工作量会很大。这时可以在交换机上进行 Telnet 配置，以后再需要配置交换机时，管理员可以远程以 Telnet 的方式登录配置。

根据需求，需要掌握如何配置交换机的密码、如何配置 Telnet，掌握以 Telnet 的方式远程访问交换机的方法。

【预备知识】

一、交换机管理 IP 地址

配置交换机的管理 IP 地址，只有交换机的 IP 地址和计算机的 IP 地址属于同一网络段时才能访问，重点是为了保证交换机和计算机能够联通。

在普通二层交换机上，所有交换机的端口默认属于 vlan 1，给交换机设置管理 IP 地址时，需要 interface vlan 1，其中设置 IP 地址的格式为：ip address。配置如下：

```
Switch(config)# interface vlan 1    //默认情况下，交换机的端口都处于 vlan 1 中
Switch(config-if)# ip address 192.168.1.1 255.255.255.0
Switch(config-if)# no shutdown    //开启 vlan 1 的状态
```

二、交换机 Telnet 登录

Telnet 是 Teletype network 的缩写。专业地说，Telnet 是 Internet 上远程登录的一种程序，它可以让你的计算机通过网络登录到网络另一端的计算机上，甚至还可以存取那台计算机上的文件。Telnet 协议是 TCP/IP 协议簇中的一员，是 Internet 远程登录服务的标准协议和主要方式。它为用户提供了在本地计算机上完成远程主机工作的能力。

只配置了 VTY（Virtual Teletype，虚拟终端连接）线路的密码，VTY 线路启用后并不能直接使用，必须对其进行下面简单的配置后才允许用户进行登录。VTY 是一种端口，0 4 表示是 0～4 号口；5 15 表示是 5～15 号口。

三、交换机的密码设置

（1）远程登录密码设置。假设要设置 VTY 0～4 条线路的密码为 123，则配置命令为：

```
Switch(config)#line vty 0 4
Switch(config-line)#password 123
```

（2）特权模式登录密码设置。特权模式是进入交换机的第二个模式，比用户模式拥有更大的操作权限，一般通过对特权模式设置密码来控制对交换机配置文件的更改，所以需要设置登录特权模式的密码。使用 enable password（明文保存）和 enable secret（加密保存）。

```
Switch(config)#enable secret        加密
Switch(config)#enable password      没有加密
```

【任务实施】

实训设备：1 台二层交换机、1 台三层交换机、1 条交叉或直通线。

网络拓扑结构图如图 3-3 所示。

在交换机上配置 Telnet

f0/1　　　　　　f0/1

图 3-3　任务 2 的实训网络拓扑结构图

步骤 1：配置两台交换机的主机名和管理 IP 地址。

三层交换机：

```
S3760#configure terminal
S3760(config)#hostname L3-SW
L3-SW(config)#int vlan 1
```

!进入虚拟接口 VLAN 1

```
L3-SW(config-if)#ip address 192.168.1.1 255.255.255.0
```

!配置三层交换机的管理 IP 地址

```
L3-SW(config-if)#no shutdown
```

!开启该端口

```
L3-SW(config-if)#end
```

二层交换机：

```
switch#configure terminal
switch(config)#hostname L2-SW
L2-SW(config)#int vlan 1
L2-SW(config-if)#ip add 192.168.1.2 255.255.255.0
L2-SW(config-if)#no shutdown
L2-SW(config-if)#end
```

步骤 2：在三层交换机上配置 Telnet。

```
L3-SW(config)#enable password 0 star
```

!配置 enable 的密码为 star

```
L3-SW(config)#line vty 0 4
```

!进入线程配置模式（vty：虚拟终端连接，0 4 表示同时打开 0～4 号一共 5 个会话口）

```
L3-SW(config-line)#password 111
```

!配置 telnet 的密码为 111

```
L3-SW(config-line)#login
```

!启用 telnet 的用户名和密码验证（login 允许登录）

```
L3-SW(config-line)#exit
```

步骤 3：在二层交换机上配置 Telnet。

```
L2-SW(config)#enable password 0 star
```

!配置 enable 的密码为 star

```
L2-SW(config)#line vty 0 4
```

!进入线程配置模式（vty：虚拟终端连接，0 4 表示同时打开 0～4 号一共 5 个会话口）

```
L2-SW(config-line)#password 222
```

!配置 telnet 的密码为 222

```
L2-SW(config-line)#login
```

!启用 telnet 的用户名和密码验证（login 允许登录）

```
L2-SW(config-line)#exit
```

步骤 4：使用 Telnet 远程登录。

三层交换机上远程登录二层交换机：

```
L3-SW#telnet 192.168.1.2
```

!三层交换机上直接 Telnet 二层交换机的管理 IP 地址

```
Trying 192.168.1.2 ...Open    （虚拟通道开启）
User Access Verification
Password:                      （此处输入远程登录密码 star）
L2-SW>
Password:                      （此处输入 enable 密码 222）
L2-SW#
```

!三层交换机已经进入到二层交换机的特权模式

```
L2-SW#exit
```

```
[Connection to 192.168.1.1 closed by foreign host]
!使用 exit 命令退出远程登录
L3-SW#
```

二层交换机上远程登录三层交换机：

```
L2-SW#telnet 192.168.1.1
!二层交换机上直接 Telnet 三层交换机的管理 IP 地址
Trying 192.168.1.2 ...Open    （虚拟通道开启）
User Access Verification
Password:                 （此处输入远程登录验证密码 star）
L3-SW>
Password:                 （此处输入 enable 密码 222）
L3-SW#
!三层交换机已经进入到二层交换机的特权模式
L3-SW#exit
[Connection to 192.168.1.1 closed by foreign host]
!使用 exit 命令退出远程登录
L2-SW#
```

【任务小结】

如果没有配置 enable 密码，则不能登录到交换机进行配置，只能进入用户模式，无法进入特权模式。

任务 3 跨交换机实现 VLAN

【用户需求与分析】

假设学校某中心有两个主要部门，分别是教务处和财务处，其中教务处的个人计算机系统分散连接在不同的交换机上，他们同个部门之间需要相互进行通信，但为了数据安全起见，教务处和财务处需要进行相互隔离，要在交换机上做适当配置来实现这一目标。

根据需求，需要通过基于端口划分 VLAN 来实现交换机的端口隔离，然后使在同一个 VLAN 里的计算机系统能跨交换机进行相互通信，而在不同 VLAN 里的计算机系统不能进行相互通信。

【预备知识】

一、虚拟局域网概念

虚拟局域网（Virtual Local Area Network，VLAN）是指在一个物理网段内进行逻辑划分，并划分成若干个虚拟局域网。VLAN 是以局域网交换机为基础，通过交换机软件实现根据功能、部门、应用等因素将设备或用户组成虚拟工作组或逻辑网段的技术，其最大的特性是不受物理位置的限制，可以进行灵活的划分。

图 3-4 给出了一个关于 VLAN 划分的示例。图中使用了 4 台交换机。有 10 台计算机分布在 3 个楼层中，构成了 3 个局域网，即 LAN1（A_1，A_2，B_1，C_1）、LAN2（A_3，B_2，C_2）、LAN3（A_4，B_3，C_3）。

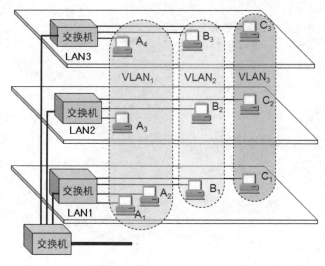

图 3-4　VLAN 划分的示例

但 10 台计算机划分为 3 个工作组，也就是说划分为 3 个 VLAN，即 VLAN1（A_1，A_2，A_3，A_4）、VLAN2（B_1，B_2，B_3）、VLAN3（C_1，C_2，C_3）。在 VLAN 上每一台计算机都可以接收到同一 VLAN 中其他成员发出的广播。例如当 B_1 向 VLAN2 工作组内成员发送数据时，工作站 B_2 和 B_3 将会收到广播的信息。B_1 发送数据时，VLAN2 和 VLAN3 的计算机都不会收到 B_1 发出的广播信息。虚拟局域网限制了接收广播信息的工作站数，使得网络不会因传播过多广播信息（即"广播风暴"）而引起性能恶化。

二、VLAN 产生的原因

VLAN 的产生是为了解决广播风暴的发生，增加带宽利用率，减少延迟，方便管理。不划分 VLAN 的情况下，整个局域网都在一个广播域内，如图 3-5 所示。

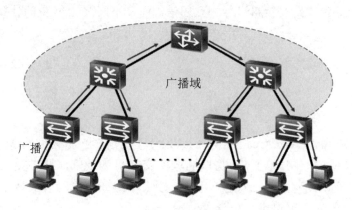

图 3-5　广播域

可以通过 VLAN 划分广播域来避免发生广播风暴，如图 3-6 所示。

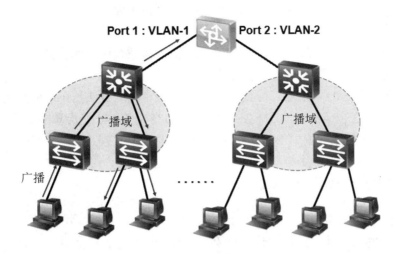

图 3-6　VLAN 进行网络分段

三、VLAN 的作用

（1）防范广播风暴。VLAN 最大的好处是可以隔离冲突域和广播域。试想，如果一个局域网内有上百台主机，如果一旦产生广播风暴，那么这个网络就会彻底瘫痪。通过 VLAN 划分广播域可以将某个交换端口或用户赋予某一个特定的 VLAN 组，该 VLAN 组可以在一个交换网中或跨接多个交换机，在一个 VLAN 中的广播不会送到该 VLAN 之外；同样，相邻的端口不会收到其他 VLAN 产生的广播，这样可以减少广播流量，释放带宽给用户应用，减少广播的产生。

（2）增强局域网的安全性。含有敏感数据的用户组可与网络的其余部分隔离，从而降低泄露机密信息的可能性。不同 VLAN 内的报文在传输时是相互隔离的，即一个 VLAN 内的用户不能和其他 VLAN 内的用户直接通信，如果不同的 VLAN 要进行通信，则需要通过路由器或三层交换机等三层设备来实现。

（3）提高性能。将第二层平面网络划分为多个逻辑工作组（广播域）可以减少网络上不必要的流量并提高性能。不划分 VLAN，整个交换机都处于一个广播域，随便一台 PC 发送的广播报文都能传送给整个广域播，占用了很多带宽，而划分了 VLAN，则缩小了广播域的大小，缩小了广播报文能够到达的范围。

（4）增加组网灵活性，便于网络管理。当一个用户需要切换到另外一个网络时，只需要更改交换机的 VLAN 划分即可，而不用换端口和连线。借助 VLAN 技术，能将不同地点、不同网络的不同用户组合在一起，形成一个虚拟的网络环境，就像使用本地 LAN 一样方便、灵活、有效。

四、VLAN 划分分类

（1）基于端口的 VLAN。基于端口的 VLAN 属于静态 VLAN 的一种，是最简单、有效的 VLAN 划分方法，它按照局域网交换机端口来定义 VLAN 成员。根据交换机端口进行 VLAN 划分，即将一端口分配给一个 VLAN 时，其将一直保持不变直到网络管理员改变这种配置，所以又称基于端口的 VLAN。静态 VLAN 配置简单，但缺乏灵活性，当用户在网络中的位置发生变化时，网络管理员必须对端口进行重新配置，因此适合用户或设备位置相对固定的网络环境。大多数交换机支持最多 64 个激活的 VLAN。

1）配置 VLAN 的 ID 和名字。配置 VLAN 时，最常见的方法是在每个交换机上手动指定端口－LAN 映射。在全局配置模式下使用 VLAN 命令。vlan-id 是配置要被添加的 VLAN 的 ID，如果要安装增强的软件版本，范围为 1～4096；如果安装的是标准的软件版本，范围为 1～1005。每一个 VLAN 都有一个唯一的 4 位的 ID（范围为 0001～1005）。

在全局配置模式下使用 VLAN 命令：

```
Switch(config)#vlan vlan-id
Switch(config)#vlan vlan-name
```

其中 vlan-name 是 VLAN 的名字，可以使用 1～32 个 ASCII 字符，但是必须保证这个名称在管理域中是唯一的。

2）分配端口。在新创建一个 VLAN 之后，可以为其手工分配一个端口号或多个端口号。一个端口只能属于唯一一个 VLAN。这种为 VLAN 分配端口号的方法称为静态接入端口。默认情况下，所有的端口都属于 VLAN 1。

在接口配置模式下，分配 VLAN 端口的命令为：

```
Switch(config-if) #switchport access vlan vlan-id
```

3）检查静态 VLAN。在特权模式下，可以检验 VLAN 的配置，常用的命令有：

```
Switch#show vlan    //显示所有 VLAN 的配置消息
Switch#show inteface interface switchport    //显示指定接口的 VLAN 信息
```

（2）基于 MAC 地址的 VLAN。基于 MAC 地址的 VLAN 是用终端系统的 MAC 地址定义的 VLAN，MAC 地址其实就是指网卡的标识符，每一块网卡的 MAC 地址都是唯一的。这种划分 VLAN 的方法的最大优点就是当用户物理位置移动时，即从一个交换机换到其他的交换机时，VLAN 不用重新配置，所以可以认为这种根据 MAC 地址的划分方法是基于用户的 VLAN，这种方法的缺点是初始化时所有的用户都必须进行配置，如果有几百个甚至上千个用户的话，配置是非常累的。在网络规模较小时，该方案可以说是一个好的方法，但随着网络规模的扩大，网络设备、用户增加，会在很大程度上加大管理的难度。

（3）基于路由的 VLAN。路由协议工作在七层协议的第 3 层——网络层，比如基于 IP 和 IPX 的路由协议，这类设备包括路由器和路由交换机。该方式允许一个 VLAN 跨越多个交换机，或一个端口位于多个 VLAN 中。在按 IP 划分的 VLAN 中很容易实现路由，即将交换功能和路由功能融合在 VLAN 交换机中。这种方式既达到了作为 VLAN 控制广播风暴的最基本目的，又不需要外接路由器。但这种方式对 VLAN 成员之间的通信速度不是很理想。

（4）基于策略的 VLAN。基于策略划分 VLAN 是指在交换机上绑定终端的 MAC 地址、IP 地址或交换机端口，并与 VLAN 关联，以实现只有符合条件的终端才能加入指定 VLAN。符合策略的终端才可以加入到指定的 VLAN，相当于采用了 IP 地址与 MAC 地址双重绑定，甚至再加上与所连接的交换机端口的三重绑定，一旦配置就可以禁止用户修改 IP 地址或 MAC

地址，甚至禁止改变所连接的交换机端口，否则会导致终端从指定 VLAN 中退出，可能访问不了指定的网络资源。

五、VLAN 数据帧的传输

在虚拟局域网中，数据帧的帧格式如图 3-7 所示。IEEE 802.1q 标准定义了 VLAN 的以太网数据帧的格式，VLAN 标记字段的长度是 4 个字节，它唯一地标识这个以太网帧属于哪一个 VLAN。因为用于 VLAN 的以太网帧的首部增加了 4 个字节，所以以太网帧的最大长度从 1518 字节变为 1522 字节。

图 3-7　虚拟局域网的帧格式

计算机不支持 tag 域的以太网数据帧，即主机只能发送和接收标准的以太网数据帧，而将 VLAN 数据帧视为非法数据帧，所以支持 VLAN 的交换机在与计算机和交换机通信时，需要区别对待。

图 3-8 中列出了 VLAN 数据帧传输的过程，当交换机接收到某数据帧时，判断该数据帧应该转发到哪些端口，如果是普通计算机，则删除 VLAN 标签后再发送数据帧；如果目标主机是交换机，则将带有 VLAN 标签的数据帧转发出去。

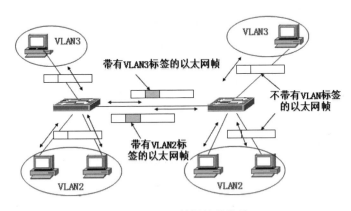

图 3-8　VLAN 数据帧的传输

六、交换机端口分类

根据交换机处理数据帧的不同可以将交换机的端口分为 3 类。

（1）Access 端口。只能传送标准以太网帧的端口，一般是指那些连接不支持 VLAN 技术的端设备的接口，这些端口接收到的数据帧都不包含 VLAN 标签，而向外发送数据帧时必须保证数据帧中不包含 VLAN 标签。

（2）Trunk 端口。既可以传送有 VLAN 标签的数据帧也可以传送标准以太网帧的端口，一般是指那些连接支持 VLAN 技术的网络设备（如交换机）的端口，这些端口接收到的数据帧一般都包含 VLAN 标签（数据帧 VLAN ID 和端口默认 VLAN ID 相同除外），而向外发送数据帧时必须保证接收端能够区分不同 VLAN 的数据帧，故常常需要添加 VLAN 标签（数据帧 VLAN ID 和端口默认 VLAN ID 相同除外）。

（3）hybrid 端口。hybrid 类型可以允许多个 VLAN 通过，可以接收和发送多个 VLAN 的报文，可以用于交换机之间连接，也可以用于连接用户计算机。

【任务实施】

实训设备：1 台二层交换机、1 台三层交换机、1 条交叉或直通线、3 台计算机。

跨交换机实现 VLAN

网络拓扑结构图如图 3-9 所示。

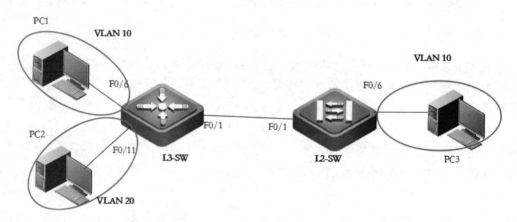

图 3-9　任务 3 的实训网络拓扑结构图

步骤 1：配置两台交换机的主机名。

```
switch#configure terminal
switch(config)#hostname L3-SW
switch#configure terminal
switch(config)#hostname L2-SW
```

步骤 2：划分 VLAN 之前验证 3 台计算机之间的连通性。

PC1 的 IP 地址为 192.168.10.11/24，PC2 的 IP 地址为 192.168.10.22/24，PC3 的 IP 地址为 192.168.10.33/24，网关可以都设置为 192.168.10.1。在没有划分 VLAN 之前先验证 3 台计算机之间的连通性。PC1 能 ping 通 PC2，PC1 也能 ping 通 PC3。

PC1 ping PC2：

```
PC1>ping 192.168.10.22
Pinging 192.168.10.22 with 32 bytes of data:
Reply from 192.168.10.22: bytes=32 time=10ms TTL=128
```

Reply from 192.168.10.22: bytes=32 time=0ms TTL=128
Reply from 192.168.10.22: bytes=32 time=0ms TTL=128
Reply from 192.168.10.22: bytes=32 time=0ms TTL=128

PC1 ping PC3：

PC1>ping 192.168.10.33
Pinging 192.168.10.33 with 32 bytes of data:
Reply from 192.168.10.33: bytes=32 time=1ms TTL=128
Reply from 192.168.10.33: bytes=32 time=0ms TTL=128
Reply from 192.168.10.33: bytes=32 time=0ms TTL=128
Reply from 192.168.10.33: bytes=32 time=0ms TTL=128
Ping statistics for 192.168.10.33:
    Packets: Sent = 4, Received = 4, Lost = 0 (0% loss),
Approximate round trip times in milli-seconds:
    Minimum = 0ms, Maximum = 1ms, Average = 0ms

步骤 3：在三层交换机上划分 VLAN 添加端口。

L3-SW(config)#vlan   10
L3-SW(config-vlan)#name   jiaowu
L3-SW(config-vlan)#exit
L3-SW(config)#vlan   20
L3-SW(config-vlan)#name   caiwu
L3-SW(config)#interface   range   f0/2-5
L3-SW(config-if-range)#switchport   access   vlan   10
L3-SW(config)#interface   range   f0/6-10
L3-SW(config-if-range)#switchport   access   vlan   20

步骤 4：在二层交换机上划分 VLAN 添加端口。

L2-SW(config)#vlan   10
L2-SW(config-vlan)#name   jiaowu
L2-SW(config)#interface   range   f0/2-5
L2-SW(config-if-range)#switchport   access   vlan   10

步骤 5：设置交换机之间的链路为 trunk。

L3-SW(config)#int f0/1
L3-SW(config-if)#switchport   mode   trunk
L2-SW(config)#int   f0/1
L2-SW(config-if)#switchport   mode   trunk

步骤 6：查看 VLAN 和 trunk 配置。

L3-SW#show vlan

VLAN	Name	Status	Ports
1	VLAN0001	STATIC	Fa0/1, Fa0/11, Fa0/12, Fa0/13
			Fa0/14, Fa0/15, Fa0/16, Fa0/17
			Fa0/18, Fa0/19, Fa0/20, Fa0/21
			Fa0/22, Fa0/23, Fa0/24, Gi0/25
			Gi0/26, Gi0/27, Gi0/28
10	jiaowu	STATIC	Fa0/1, Fa0/2, Fa0/3, Fa0/4
			Fa0/5
20	caiwu	STATIC	Fa0/1, Fa0/6, Fa0/7, Fa0/8

Fa0/9, Fa0/10						

```
L3-SW#show   interfaces   f0/1   switchport
Interface            Switchport      Mode        Access     Native     Protected      VLAN lists
------------------   -------------   ----------  --------   --------   -----------    ----------------
FastEthernet 0/1     enabled         TRUNK       1          1          Disabled       ALL
```

```
L2-SW#show vlan
VLAN    Name            Status        Ports
-------  --------------  ----------   ----------------------------------------------
  1      VLAN0001                      STATIC  Fa0/1, Fa0/6, Fa0/7, Fa0/8
                                       Fa0/9, Fa0/10, Fa0/11, Fa0/12
                                       Fa0/13, Fa0/14, Fa0/15, Fa0/16
                                       Fa0/17, Fa0/18, Fa0/19, Fa0/20
                                       Fa0/21, Fa0/22, Fa0/23, Fa0/24
 10      jiaowu          STATIC        Fa0/1, Fa0/2, Fa0/3, Fa0/4
                                       Fa0/5
```

```
L2-SW#show   interfaces   f0/1   switchport
Interface            Switchport      Mode        Access     Native     Protected      VLAN lists
------------------   -------------   ----------  --------   --------   -----------    ----------------
FastEthernet 0/1     enabled         TRUNK       1          1          Disabled       ALL
```

步骤 7：验证配置。

PC1 的 IP 地址为 192.168.10.11/24，PC2 的 IP 地址为 192.168.10.22/24，PC3 的 IP 地址为 192.168.10.33/24，网关可以都设置为 192.168.10.1。PC1 不能 ping 通 PC2，PC1 能 ping 通 PC3。

PC1 ping PC2：

```
PC1>ping 192.168.10.22
Pinging 192.168.10.22 with 32 bytes of data:
Request timed out.
Request timed out.
Request timed out.
Request timed out.
Ping statistics for 192.168.10.22:
    Packets: Sent = 4, Received = 0, Lost = 4 (100% loss),
```

PC1 ping PC3：

```
PC1>ping 192.168.10.33
Pinging 192.168.10.33 with 32 bytes of data:
Reply from 192.168.10.33: bytes=32 time=1ms TTL=128
Reply from 192.168.10.33: bytes=32 time=1ms TTL=128
Reply from 192.168.10.33: bytes=32 time=0ms TTL=128
Reply from 192.168.10.33: bytes=32 time=0ms TTL=128
Ping statistics for 192.168.10.33:
    Packets: Sent = 4, Received = 4, Lost = 0 (0% loss),
```

【任务小结】

1. 注意正确接线，拓扑图的连线与真实设备连线保持一致。

2．VLAN 1 属于系统默认的 VLAN，不可以被删除。

3．删除某个 VLAN 可使用 no 命令，如(config)#no vlan 10。

4．删除某个 VLAN 时，注意先将属于该 VLAN 的端口加入另一个 VLAN 中（比如 VLAN1），再删除 VLAN。

5．Trunk 接口在默认情况下支持所有 VLAN 的传输。

6．重启设备 switch#reload。

7．操作过程中注重团队合作，分工明确，若出现问题，请相互检查对方的命令和配置是否正确。

任务 4　利用三层交换机 SVI 实现不同 VLAN 间通信

【用户需求与分析】

假设某公司有两个主要部门，分别是财务部和技术部，其中技术部的个人计算机系统分散连接在不同的交换机上，他们之间需要相互进行通信，财务部和技术部也需要进行相互访问，现要在交换机上做适当配置来实现这一目标。

根据需求，需要在网络内所有的交换机上配置 VLAN，然后在三层交换机上给相应的 VLAN 设置 IP 地址，以实现 VLAN 间的路由。

【预备知识】

一、什么是 SVI

SVI（Switching Virtual Interface，交换虚拟端口）是指为交换机中的 VLAN 创建虚拟接口并且配置 IP 地址。比如将 f0/2-5 划分到 VLAN 10，那么可以将 VLAN 10 视为一个虚拟的整体接口，给其分配 IP 地址。

三层交换机具备网络层的功能，实现 VLAN 相互访问的原理是：利用三层交换机的路由功能，通过识别数据包的 IP 地址，查找路由表进行选路转发。三层交换机利用直连路由可以实现不同 VLAN 之间的互相访问。三层交换机给接口配置 IP 地址，采用 SVI（交换虚拟接口）的方式实现 VLAN 间互连。

二、SVI 配置命令

第一步：开启路由功能（默认是开启的）。

Switch(config)#ip　routing

第二步：分别创建每个 VLAN 三层 SVI 端口并分配 IP 地址。

Switch(config)# interface　vlan　<vlan>
Switch(config-if)# ip address　<address>　<netmask>
Switch(config-if)#no shutdown

第三步：将每个 VLAN 内主机的网关指定为本 VLAN 接口地址。

三、SVI 配置示例

三层交换机的 SVI 配置示例如图 3-10 所示。

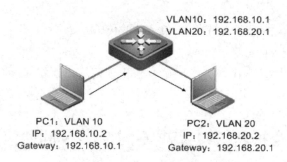

图 3-10　SVI 配置示例

```
Switch#configure terminal
Switch(config)#vlan 10
Switch(config-vlan)exit
Switch(config)#vlan 20
Switch(config-vlan)#no VLAN 20
Switch(config)#interface vlan 10
Switch(config-if)#ip address 192.168.10.1 255.255.255.0
Switch(config-if)#no shutdown
Switch(config)#interface vlan 20
Switch(config-if)#ip address 192.168.20.1 255.255.255.0
Switch(config-if)#no shutdown
```

【任务实施】

实训设备：1 台二层交换机、1 台三层交换机、1 条交叉或直通线、3 台计算机。

网络拓扑结构图如图 3-11 所示。

利用三层交换机 SVI
实现不同 VLAN 间通信

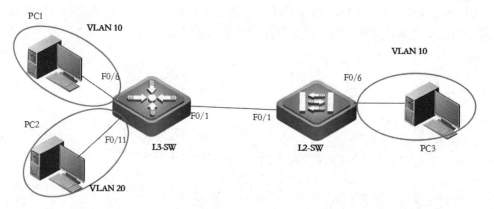

图 3-11　任务 4 的实训网络拓扑结构图

步骤 1：配置两台交换机的主机名。

```
switch#configure terminal
switch(config)#hostname L3-SW
switch#configure terminal
switch(config)#hostname L2-SW
```

步骤 2：在三层交换机上划分 VLAN 添加端口。

```
L3-SW(config)#vlan     10
L3-SW(config-vlan)#name    jiaowu
L3-SW(config-vlan)#exit
L3-SW(config)#vlan     20
L3-SW(config-vlan)#name    caiwu
L3-SW(config)#interface    range   f0/2-5
L3-SW(config-if-range)#switchport   access   vlan   10
L3-SW(config)#interface    range   f0/6-10
L3-SW(config-if-range)#switchport   access   vlan   20
```

步骤 3：在二层交换机上划分 VLAN 添加端口。

```
L2-SW(config)#vlan     10
L2-SW(config-vlan)#name    jiaowu
L2-SW(config)#interface    range   f0/2-5
L2-SW(config-if-range)#switchport   access   vlan   10
```

步骤 4：设置交换机之间的链路为 trunk。

```
L3-SW(config)#int f0/1
L3-SW(config-if)#switchport   mode   trunk
L2-SW(config)#int   f0/1
L2-SW(config-if)#switchport   mode   trunk
```

步骤 5：查看 VLAN 和 trunk 配置。

```
L3-SW#show vlan
VLAN   Name          Status       Ports
----   ---------     ----------   ------------------------------------
1      default       active       Fa0/1, Fa0/11, Fa0/12, Fa0/13
                                  Fa0/14, Fa0/15, Fa0/16, Fa0/17
                                  Fa0/18, Fa0/19, Fa0/20, Fa0/21
                                  Fa0/22, Fa0/23, Fa0/24
10     caiwu         active       Fa0/2, Fa0/3, Fa0/4, Fa0/5
20     jishu         active       Fa0/6, Fa0/7, Fa0/8, Fa0/9,Fa0/10
```

```
L3-SW#show    interfaces   f0/1    switchport
Interface          Switchport     Mode        Access     Native     Protected      VLAN lists
------------------ -------------  ----------  --------   --------   ------------   ----------------
FastEthernet 0/1   enabled        TRUNK       1          1          Disabled       ALL
```

```
L2-SW#show vlan
VLAN   Name          Status       Ports
----   ---------     ----------   ------------------------------------
1      default       active       Fa0/1, Fa0/6, Fa0/7, Fa0/8
```

```
                              Fa0/9, Fa0/10, Fa0/11, Fa0/12
                              Fa0/13, Fa0/14, Fa0/15, Fa0/16
                              Fa0/17, Fa0/18, Fa0/19, Fa0/20
                              Fa0/21, Fa0/22, Fa0/23, Fa0/24
10        VLAN0010    active   Fa0/2, Fa0/3, Fa0/4, Fa0/5
```

```
L2-SW#show   interfaces   f0/1   switchport
Interface         Switchport     Mode        Access    Native    Protected     VLAN lists
-----------       -----------    --------    -------   -------    -----------   ---------------
FastEthernet 0/1  enabled        TRUNK       1         1          Disabled      ALL
```

步骤 6：验证配置。

PC1 的 IP 地址为 192.168.10.11/24，PC2 的 IP 地址为 192.168.20.22/24，PC3 的 IP 地址为 192.168.10.33/24，网关可以都设置为 192.168.10.1。PC1 不能 ping 通 PC2，PC1 能 ping 通 PC3。

PC1 ping PC2：

```
PC1>ping 192.168.20.22
Pinging 192.168.20.22 with 32 bytes of data:
Request timed out.
Request timed out.
Request timed out.
Request timed out.
Ping statistics for 192.168.20.22:
    Packets: Sent = 4, Received = 0, Lost = 4 (100% loss),
```

PC1 ping PC3：

```
PC1>ping 192.168.10.33
Pinging 192.168.10.33 with 32 bytes of data:
Reply from 192.168.10.33: bytes=32 time=1ms TTL=128
Reply from 192.168.10.33: bytes=32 time=1ms TTL=128
Reply from 192.168.10.33: bytes=32 time=0ms TTL=128
Reply from 192.168.10.33: bytes=32 time=0ms TTL=128
Ping statistics for 192.168.10.33:
    Packets: Sent = 4, Received = 4, Lost = 0 (0% loss),
```

步骤 7：在三层交换机上配置 SVI 端口。

```
L3-SW#conf   t
L3-SW(config)#int   vlan 10
L3-SW(config-if)#ip   address   192.168.10.1 255.255.255.0
L3-SW(config-if)#no   shutdown
L3-SW(config-if)#int   vlan   20
L3-SW(config-if)#ip   address 192.168.20.1 255.255.255.0
L3-SW(config-if)#no shutdown
```

步骤 8：配置完 SVI 之后再次验证 PC1 和 PC2 的连通性。

PC1 Ping PC2：

```
PC>ping 192.168.20.22
Pinging 192.168.20.22 with 32 bytes of data:
Reply from 192.168.20.22: bytes=32 time=1ms TTL=127
```

Reply from 192.168.20.22: bytes=32 time=0ms TTL=127
Reply from 192.168.20.22: bytes=32 time=0ms TTL=127
Reply from 192.168.20.22: bytes=32 time=0ms TTL=127
Ping statistics for 192.168.20.22:
    Packets: Sent = 4, Received = 4, Lost = 0 (0% loss),
Approximate round trip times in milli-seconds:
Minimum = 0ms, Maximum = 1ms, Average = 0ms

【任务小结】

对 SVI 配置命令的理解。

任务 5　单臂路由配置

【用户需求与分析】

假设某公司有两个主要部门，分别是财务部和技术部，员工都连接在一台二层交换机上，网络内有一台路由器用于连接 Internet，现在发现网络内的广播流量太多，需要对广播进行限制但不能影响两个部门进行相互通信，现要在路由器上做适当配置来实现这一目标。

根据需求，需要在网络内的交换机上配置 VLAN，然后在路由器连接交换机的端口上划分子接口并封装 dot1q 协议，给相应的 VLAN 设置 IP 地址，以实现 VLAN 间的路由。

【预备知识】

一、什么是子接口

子接口是通过协议和技术将一个物理接口虚拟出来的多个逻辑接口。相对子接口而言，这个物理接口称为主接口。每个子接口从功能、作用上来说，与每个物理接口是没有任何区别的，它的出现打破了每个设备存在物理接口数量有限的局限性。在路由器中，一个子接口的取值范围是 0～4096 个，当然受主接口物理性能限制，实际中无法完全达到 4096 个，数量越多，各子接口性能越差。

子接口与主接口的关系：子接口共用主接口的物理层参数，又可以分别配置各自的链路层和网络层参数。用户可以禁用或者激活子接口，这不会对主接口造成影响，但主接口状态的变化会对子接口产生影响，特别是只有主接口处于连通状态时子接口才能正常工作。

子接口产生的原因：在 VLAN 中，通常是一个物理接口对应一个 VLAN。在多个 VLAN 的网络上，无法使用单台路由器的一个物理接口实现 VLAN 间通信，同时路由器有其物理局限性，不可能带有大量的物理接口。

子接口的产生正是为了打破物理接口的局限，它允许一个路由器的单个物理接口通过划分多个子接口的方式来实现多个 VLAN 间的路由和通信。

二、什么是 dot1q

电气和电子工程师协会（Institute of Electrical and Electronics Engineers，IEEE）是一个国际性的电子技术与信息科学工程师的协会，是目前全球最大的非营利性专业技术学会，其会员人数超过 40 万人，遍布 160 多个国家。IEEE 致力于电气、电子、计算机工程和与科学有关的领域的开发和研究，在太空、计算机、电信、生物医学、电力及消费性电子产品等领域已制定了 900 多个行业标准，现已发展成为具有较大影响力的国际学术组织。

IEEE 802 系列标准是 IEEE 802 LAN/MAN 标准委员会制定的局域网、城域网技术标准。

IEEE 802.1q 协议也就是"虚拟局域网"协议，主要规定了 VLAN 的实现方法。IEEE 802.1q 协议为标识带有 VLAN 成员信息的以太帧建立了一种标准方法。dot1q 就是 802.1q，是 VLAN 的一种封装方式。dot 就是点的意思，因此写为 dot1q。

三、什么是协议封装

协议是通信双方的约定，封装协议就是在实际的数据通信系统中通过对协议的不同加密方式来实现双方连接握手。

四、什么是主干道

trunk 模式：也叫中继模式、干道模式、主干模式。

trunk 作用：同时允许多个 VLAN 的流量通过。

trunk 应用：交换机与交换机相连，交换机端口模式设置为 trunk 模式。

单臂路由：交换机的端口模式应为 trunk 模式，路由器子接口配置干道模式，封装 IEEE802.1q。

五、路由器如何实现不同 VLAN 间通信

在交换网络中，通过 VLAN 对一个物理网络进行逻辑划分，不同的 VLAN 之间是无法直接通信的，必须通过三层路由设备进行连接。一般利用路由器或三层交换机来实现不同 VLAN 之间的互相访问。

将路由器和交换机相连，使用 IEEE 802.1q 来启动路由器上的子接口成为干道模式，就可以利用路由器来实现 VLAN 之间的通信。路由器可以从某一个 VLAN 接收数据包，并将这个数据包转发到另外的一个 VLAN，要实施 VLAN 间的路由，必须在一个路由器的物理接口上启用子接口，也就是将以太网物理接口划分为多个逻辑的、可编址的接口，并配置为干道模式，每个 VLAN 对应一个这种接口，这样路由器就能够知道如何到达这些互连的 VLAN。

六、子接口封装 dot1q 协议配置示例

首先进入路由器的主接口 f0/1，取消主接口的地址（如果有的话），激活主端口；然后进入其中的一个子接口 f0/1.1，封装 dot1q 协议，并将其指定到 VLAN10，同时分配 IP 地址。

```
Router(config)# interface    f0/1
```

```
Router(config-if)# no ip address
Router(config-if)# no shutdown
Router(config-if)# int f0/1.1
Router(config-subif)#encapsulation dot1q    10
Router(config-subif)#ip address 192.168.10.1 255.255.255.0
```

【任务实施】

单臂路由配置

实训设备：1 台二层交换机、1 台路由器、3 条直通线、2 台计算机。

网络拓扑结构图如图 3-12 所示。

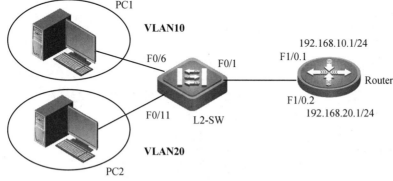

图 3-12　任务 5 的实训网络拓扑结构图

步骤 1：配置交换机的主机名、划分 VLAN 和添加端口、设置 trunk。

```
Switch(config)#hostname L2-SW
L2-SW(config)#vlan 10
L2-SW(config-vlan)#name jiaowu
L2-SW(config-vlan)#vlan 20
L2-SW(config-vlan)#name caiwu
L2-SW(config)#int range f0/6-10
L2-SW(config-if-range)#switchport access vlan 10
L2-SW(config-if-range)#exit
L2-SW(config)#int range f0/11-15
L2-SW(config-if-range)#switchport access vlan 20
L2-SW(config)#int    f0/1
L2-SW(config-if)#switchport mode trunk
```

步骤 2：配置路由器之前验证测试。

PC1 的 IP 设置为 192.168.10.10/24，网关为 192.168.10.1；PC2 的 IP 设置为 192.168.20.20/24，网关为 192.168.20.1。

PC1 ping PC2：

```
PC>ping 192.168.20.20
Pinging 192.168.20.20 with 32 bytes of data:
Request timed out.
Request timed out.
```

Request timed out.

Request timed out.

Ping statistics for 192.168.20.20:

    Packets: Sent = 4, Received = 0, Lost = 4 (100% loss),

步骤3：在路由器上设置名称、划分子接口、配置 IP 地址。

Router>en

Router#conf t

Router(config)#hostname RA

Router(config)#int f0/1

Router(config-if)#no ip address

!若路由器接口 f0/1 上有地址，先用该命令清除地址；若无地址，跳过此步

Router(config-if)#no shutdown

!激活 f0/1 端口

RA(config)#int f0/1.1

!进入路由器子接口 f0/1.1

RA(config-subif)#encapsulation dot1q 10

!封装 IEEE 802.1q 协议并指定子接口 f0/1.1 对应到 VLAN 10，配置成干道模式

RA(config-subif)#ip address 192.168.10.1 255.255.255.0

!给子接口 f0/1.1 配置 IP 地址

RA(config-subif)#int f0/1.2

!进入路由器子接口 f0/1.2

RA(config-subif)#encapsulation dot1q 20

!封装 IEEE 802.1q 协议并指定子接口 f0/1.1 对应到 VLAN 20，配置成干道模式

RA(config-subif)#ip address 192.168.20.1 255.255.255.0

!给子接口 f0/1.2 配置 IP 地址

步骤4：查看交换机的 VLAN 和 trunk 的配置。

L2-SW#show vlan

VLAN	Name	Status	Ports
1	default	active	Fa0/1, Fa0/2, Fa0/3, Fa0/4
			Fa0/5, Fa0/16, Fa0/17, Fa0/18
			Fa0/19, Fa0/20, Fa0/21, Fa0/22
			Fa0/23, Fa0/24, Gig1/1, Gig1/2
10	jiaowu	active	Fa0/6, Fa0/7, Fa0/8, Fa0/9
			Fa0/10
20	caiwu	active	Fa0/11, Fa0/12, Fa0/13, Fa0/14
			Fa0/15

L2-SW#show interfaces f0/1 switchport

Interface	Switchport	Mode	Access	Native	Protected	VLAN lists
FastEthernet 0/1	enabled	TRUNK	1	1	Disabled	ALL

步骤5：查看路由器的路由表。

RA#show ip route

步骤6：验证测试。

PC1 ping PC2:

PC>ping 192.168.20.1
Pinging 192.168.20.1 with 32 bytes of data:
Reply from 192.168.20.1: bytes=32 time=0ms TTL=255
Reply from 192.168.20.1: bytes=32 time=0ms TTL=255
Reply from 192.168.20.1: bytes=32 time=0ms TTL=255
Reply from 192.168.20.1: bytes=32 time=0ms TTL=255
Ping statistics for 192.168.20.1:
Packets: Sent = 4, Received = 4, Lost = 0 (0% loss),

【任务小结】

1．为 SVI 端口设置 IP 地址后一定要用 no shutdown 激活，否则无法正常使用。

2．需要设置 PC 的网关为相应 VLAN 的 SVI 接口地址。

3．若碰到配置命令没有问题，接线没有问题，IP 配置没有问题，但就是 ping 不通对方，请试着去禁用 A 线或关闭防火墙后再次进行测试。

4．若发现某个设备进不去，很可能是该设备对应八爪鱼的线没有插好，请重新插好。

5．注重团队合作。

课后习题

1．VLAN 是（　　）。

　　A．局域网　　　　　　　　　　B．虚拟局域网

　　C．城域网　　　　　　　　　　D．广域网

2．修改 VLAN 的名字为 jishu 的命令是（　　）。

　　A．L3-SW(config)#vlan 10，L3-SW(config-if)#name jishu

　　B．L3-SW(config)#vlan 10，L3-SW(config-vlan)#hostname jishu

　　C．L3-SW(config)#vlan 10，L3-SW(config-vlan)#name jishu

　　D．L3-SW(config)#vlan 10，L3-SW(config)#hostname jishu

3．设置交换机端口 f0/1 为 trunk 模式，正确的命令是（　　）。

　　A．swith(config)#switch mode access

　　B．swith(config-if)#switch mode trunk

　　C．swith(config)#switch mode trunk

　　D．swith#switch mode trunk

4．交换机上划分了 VLAN，查看 VLAN 的命令是（　　）。

　　A．(config)#show vlan　　　　　B．#show vlan

　　C．(config-if)#show vlan　　　　D．(config)#show runnig-config

项目 4
局域网实现冗余

随着人们对网络依赖性的不断提高，网络工程师在设计实施网络的时候，如何增强它的可靠性和容错性就成了一项重要的课题。要使网络更加可靠，减少故障影响的一个重要方法就是"冗余"。网络中的冗余可以做到当网络出现单点故障时，还有其他备份的组件可以使用，整个网络基本不受影响。

冗余在网络中是必需的，冗余的拓扑结构可以减少网络的停机时间或不可用时间。单条链路、单个端口或单台网络设备都有可能发生故障或错误，影响整个网络的正常运行，此时，如果有备份的链路、端口或者设备则可以解决这些问题，尽量减少丢失的连接，保障网络不间断地运行。使用冗余备份能够为网络带来健壮性、稳定性和可靠性等好处，提高网络的容错性能。

【项目目标】

知识目标： 理解端口聚合的概念及用途，掌握聚合端口的配置命令，掌握快速生成树（RSTP）的配置命令。

能力目标： 能对多交换机设备组成的网络使用冗余链路，能进行快速生成树配置以避免环路的产生。

任务 1　端口聚合配置

【用户需求与分析】

某公司采用两台交换机组成一个局域网，由于很多数据流量是跨过交换机进行传送的，因此需要提高交换机之间的传输带宽并实现链路冗余备份，为此网络管理员在两台交换机之间采用两根网线互连，现要在交换机上做适当配置来实现这一目标。

为了提高网络主要链路带宽，可以采用以下两种解决方案：一种是购买千兆或万兆交换机，提高端口速率（光纤端口），但这种方法成本较高；另一种是采用聚合端口，这种方法不但成本低（需要在两台交换机之间进行端口聚合，扩展网络带宽，改善网络传输性能，将两个 100Mb/s 端口聚合成 200Mb/s 逻辑端口），而且提高了链路冗余度。

【预备知识】

一、端口聚合的定义

端口聚合又称链路聚合，通常我们将连接多个物理链路的端口捆绑在一起形成一个逻辑端口，这个逻辑端口就称为聚合端口（Aggregate Port，AP）。聚合端口的功能遵循 IEEE 802.3ad 协议的标准，它的目标是扩展链路带宽，提高链路可靠性。

二、聚合端口的作用

可以在全局配置模式下使用命令#interface aggregateport n（n 为 AP 号）来直接创建一个 AP。

创建一个聚合端口，可以实现以下功能：

（1）扩展带宽。聚合端口 AP 通过将若干个物理端口聚合成一个逻辑端口来扩展链路的带宽。如每个物理端口为 100Mb/s，将 4 个物理端口聚合在一起形成一个 400Mb/s 的逻辑端口。

（2）链路冗余。聚合端口 AP 除了可以扩展带宽之外，还提供了链路冗余，提高了链路的可靠性。如原来是一条链路，若由于某种原因断掉了，整个链路就不通了；现在将多条物理链路聚合在一起，当聚合端口中的一条成员链路断掉时，系统会将该成员链路的流量自动分配到聚合端口中的其他有效成员链路上去，实现了链路之间的冗余备份。

三、端口聚合的条件

一般交换机最多支持 8 个物理端口组成一个聚合端口。在配置交换机端口聚合时需要符合以下条件：

（1）物理端口速度必须相同：加入到聚合端口的所有成员端口速率必须相同，如都为 100Mb/s、1000Mb/s 等。

（2）物理端口介质必须相同：被聚合的物理端口介质类型必须一致，同为光纤介质或同为双绞线介质，不可以将光纤端口与双绞线端口聚合在一起。

（3）物理端口层次必须一致：被聚合的物理端口必须属于同一层次，且与 AP 也属于同一层次，即物理端口必须同时为二层端口或同时为三层端口。

（4）AP 成员端口必须属于同一个 VLAN：被聚合的物理端口必须属于一个 VLAN，不同 VLAN 的端口不允许聚合在一个聚合端口内。

四、聚合端口流量平衡

（1）概述。聚合端口为了提高传输数据效率，可以根据数据帧的地址特征设置聚合端口的流量平衡分配方案。根据流量平衡方案将流量均匀地分配到聚合端口的各成员链路中。

聚合端口可以根据报文的源 MAC 地址、目的 MAC 地址、源 MAC 地址+目的 MAC 地址、源 IP 地址、目的 IP 地址、源 IP 地址+目的 IP 地址等特征值把流量平均地分配到聚合端口 AP 的成员链路中。默认情况下，交换机根据源 MAC 地址+目的 MAC 地址进行流量分配。

源 MAC 地址流量平衡依据报文的源 MAC 地址把报文分配到 AP 中的各个成员链路中。相同的源 MAC 报文，固定从同一个 AP 成员链路转发。

目的 MAC 地址流量平衡依据报文的目的 MAC 地址把报文分配到 AP 中的各个成员链路中。相同的目的 MAC 报文，固定从一个 AP 成员链路转发；不同的目的 MAC 报文，根据目的 MAC 地址在各个 AP 成员链路间平衡分配。

源 MAC 地址+目的 MAC 地址流量平衡依据报文的源 MAC 地址+目的 MAC 地址把报文分配到 AP 中的各个成员链路中。相同的源 MAC 地址+目的 MAC 地址报文，固定从一个 AP 成员链路转发；不同的源 MAC 地址+目的 MAC 地址报文，根据源 MAC 地址+目的 MAC 地址在各个 AP 成员链路间平衡分配。

源 IP 地址+目的 IP 地址流量平衡依据报文的源 IP 地址+目的 IP 地址把报文分配到 AP 中的各个成员链路中。相同的源 IP 地址+目的 IP 地址报文，固定从一个 AP 成员链路转发；不同的源 IP 地址+目的 IP 地址报文，根据源 IP 地址+目的 IP 地址在各个 AP 成员链路间平衡分配。

（2）流量平衡配置命令。

```
switch(config)#aggregateport load-balance {dst-mac | src-mac |ip}
```

（3）删除聚合端口 1 的命令。

```
switch (config)#no interface AG1
```

【任务实施】

需求分析：需要在两台交换机之间的冗余链路上实现端口聚合，并且在聚合端口上设置 trunk，以增加网络骨干链路的带宽。

端口聚合配置

实训设备：1 台二层交换机、1 台三层交换机、2 台 PC、4 条直连线。

网络拓扑结构图如图 4-1 所示。

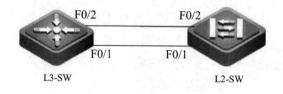

图 4-1　任务 1 的实训网络拓扑结构图

图中，L2-SW、L3-SW 分别代表二层交换机和三层交换机，F0/1、F0/2 代表交换机的两个端口。

按照拓扑结构图连接网络时需要注意，两台交换机都配置完端口聚合后才能将两台交换机连接起来。如果先连线再配置会造成广播风暴，影响交换机的正常工作。

步骤 1：配置两台交换机的主机名和管理 IP 地址。

三层交换机：

```
S3760#configure terminal
S3760(config)#hostname L3-SW
L3-SW(config)#int vlan 1
L3-SW(config-if)#ip address 192.168.1.1 255.255.255.0
L3-SW(config-if)#no shutdown
L3-SW(config-if)#exit
```

二层交换机：

```
switch#configure terminal
switch(config)#hostname L2-SW
L2-SW(config)#int vlan 1
L2-SW(config-if)#ip add 192.168.1.2 255.255.255.0
L2-SW(config-if)#no shutdown
L2-SW(config-if)#exit
```

步骤 2：在两台交换机上配置聚合端口。

三层交换机：

```
L3-SW(config)#interface range fastethernet 0/1-2
L3-SW(config-if-range)#port-group 1
!将端口 fa0/1-2 加入聚合端口 1，同时创建该聚合端口
L3-SW(config-if)#exit
```

二层交换机：

```
L2-SW(config)#interface range fastethernet 0/1-2
L2-SW(config-if-range)#port-group 1
!配置接口 0/1 和 0/2 属于 AG1
```

步骤 3：将聚合端口设置为 trunk 模式。

三层交换机：

```
L3-SW#interface aggregateport 1
L3-SW(config-if)#switchport mode trunk
L3-SW(config-if)#exit
```

二层交换机：

```
L2-SW#interface aggregateport 1
L2-SW(config-if)#switchport mode trunk
L2-SW(config-if)#exit
```

步骤 4：设置聚合端口的负载平衡方式。

三层交换机：

```
L3-SW(config)#aggregateport load-balance ?
L3-SW(config)#aggregateport load-balance dst-mac
L3-SW(config)#exit
```

二层交换机：

```
L2-SW(config)#aggregateport load-balance ?
L2-SW(config)#aggregateport load-balance dst-mac
L2-SW(config)#exit
```

步骤 5：验证配置。

在三层交换机 L3-SW 上配置另一个用于测试的 VLAN 10，配置 IP 地址为 192.168.10.1/24，然后在二层交换机 L2-SW 上配置默认网关（其作用相当于主机的网关，交换机可将发往其他网段的数据包提交给网关处理），这样 L2-SW 可以 ping 通 192.168.1.1/24 和 192.168.10.1/24，说明聚合端口的 trunk 配置已经生效。

三层交换机：

```
L3-SW(config)#vlan 10
L3-SW(config-vlan)#exit
L3-SW(config)#interface vlan 10
L3-SW(config-if)#ip address 192.168.10.1 255.255.255.0
L3-SW(config-if)#no shutdown
L3-SW(config-if)#exit
```

二层交换机：

```
L2-SW(config)#ip default-gateway 192.168.1.1
L2-SW(config)#exit
L2-SW#ping 192.168.1.1
L2-SW#ping 192.168.10.1
```

在三层交换机 L3-SW 上长时间地 ping 二层交换机 L2-SW，然后断开聚合端口中的 Fa0/2 端口。

```
L3-SW#ping 192.168.1.2 ntimes 1000
!回车后 ping 的过程中断开 f0/2，没有发现丢包
Sending 1000, 100-byte ICMP Echoes to 192.168.1.2, timeout is 2 seconds:
  < press Ctrl+C to break >
!!!!!!!!!!!!!!!!!!!!!!!!!!!!!!!!!!!!!!!!!!!!!!!!!!!!!!!!!!!!!!!!!!!!!!!!!!!!!!!!!!!!!!!!!!!!!!!!!!!!!!!!!!!!!!!!!!!!!!!
!!!!!!!!!!!!!!!!!!!!!!!!!!!!!!!!!!!!!!!!!!!!!!!!!!!!!!!!!!!!!!!!!!!!!!!!!!!!!!!!!!!!!!!!!!!!!!!!!!!!!!!!!!!!!!!!!!!!!!!
!!!!!!!!!!!!!!!!!!!!!!!!!!!!!!!!!!!!!!!!!!!!!!!!!!!!!!!!!!!!!!!!!!!!!!!!!!!!!!!!!!!!!!!!!!!!!!!!!!!!!!!!!!!!!!!!!!!!!!!
!!!!!!!!!!!!!!!!!!!!!!!!!!!!!!!!!!!!!!!!!!!!!!!!!!!!!!!!!!!!!!!!!!!!!!!!!!!!!!!!!!!!!!!!!!!!!!!!!!!!!!!!!!!!!!!!!!!!!!!
!!!!!!!!!!!!!!!!!!!!!!!!!!!!!!!!!!!!!!!!!!!!!!!!!!!!!!!!!!!!!!!!!!!!!!!!!!!!!!!!!!!!!!!!!!!!!!!!!!!!!!!!!!!!!!!!!!!!!!!
!!!!!!!!!!!!!!!!!!!!!!!!!!!!!!!!!!!!!!!!!!!!!!!!!!!!!!!!!!!!!!!!!!!!!!!!!!!!!!!!!!!!!!!!!!!!!!!!!!!!!!!!!!!!!!!!!!!!!!!
!!!!!!!!!!!!!!!!!!!!!!!!!!!!!!!!!!!!!!!!!!!!!!!!!!!!!!!!!!!!!!!!!!!!!!!!!!!!!!!!!!!!!!!!!!!!!!!!!!!!!!!!!!!!!!!!!!!!!!!
Success rate is 100 percent (1000/1000), round-trip min/avg/max = 1/3/40 ms
```

```
L3-SW#ping 192.168.1.2 ntimes 1000
!回车后 ping 的过程中断开 f0/1，发现丢包一个
Sending 1000, 100-byte ICMP Echoes to 192.168.1.2, timeout is 2 seconds:
  < press Ctrl+C to break >
!!!!!!!!!!!!!!!!!!!!!!!!!!!!!!!!!!!!!!!!!!!!!!!!!!!!!!!!!!!!!!!!!!!!!!!!!!!!!!!!!!!!!!!!!!!!!!!!!!!!!!!!!!!!!!!!!!!!!!!
!!!!!!!!!!!!!!!!!!!!!!!!!!!!!!!!!!!!!!!!!!!!!!!!!!!!!!!!!!!!!!!!!!!!!!!!!!!!!!!!!!!!!!!!!!!!!!!!!!!!!!!!!!!!!!!!!!!!!!!
!!!!!!!!!!!!!!!!!!!!!!!!!!!!!!!!!!!!!!!!!!!!!!!!!!!!!!!!!!!!!!!!!!!!!!!!!!!!!!!!!!!!!!!!!!!!!!!!!!!!!!!!!!!!!!!!!!!!!!!
!!!!!!!!!!!!!!!!!!!!!!!!!!!!!!!!!!!!!!!!!!!!!!!!!!!!!!!!!!!!!!!!!!!!!!!!!!!!!!!!!!!!!!!!!!!!!!!!!!!!!!!!!!!!!!!!!!!!!!!
!!!!!!!!!!!!!!!!!!!!!!!!!!!!!!!!!!!!!!!!!!!!!!!!!!!!!!!!!!!!!!!!!!!!!!!!!!!!!!!!!!!!!!!!!!!!!!!!!!!!!!!!!!!!!!!!!!!!!!!
!!!!!!!!!!!!!!!!!!!!!!!!!!!!!!!!!!!!!!!!!!!!!!!!!!!!!!!!!!!!!!!!!!!!!!!!!!!!!!!!!!!!!!!!!!!!!!!!!!!!!!!!!!!!!!!!!!!!!!!
!!!!!!!!!!!!!!!!!!!!!!!!!!!!!!!!!!!!!!!!!!!!!!!!!!!!!!!!!!!!!!!!!!!!!!!!!!!!!!!!!!!!!!!!!!!!!!!!!!!!!!!!!!!!!!!!!!!!!!!
Success rate is 99 percent (999/1000), round-trip min/avg/max = 1/2/40 ms
```

此时发现有一个丢包。这说明在实验中设置的负载均衡方式下，同一对源和目的地址之间的流量只从一个物理端口进行转发，一个端口断开时会将流量切换到另一个端口上，引起了链路短暂的中断。

【任务小结】

1. 一定要先配置再连线，否则会产生广播风暴。
2. 只有同类型端口才能聚合为一个 AG 端口。
3. 所有物理端口必须属于同一个 VLAN。
4. 在锐捷交换机上最多支持 8 个物理端口聚合为一个 AG 端口。
5. 在锐捷交换机上最多支持 6 组聚合端口。

任务 2   快速生成树配置

【用户需求与分析】

某公司采用两台交换机组成一个局域网，很多数据流量是跨过交换机进行传送的，为了提高网络的可靠性，网络管理员用两条链路将交换机互连，现要在交换机上做适当配置来实现这一目标。

根据需求，需要在两台交换机之间采用备份链路方式，一条链路出现故障，另外一条链路仍可以工作。为防止因网络物理环路产生广播风暴，网络中两台交换机要启动快速生成树协议（RSTP）避免环路的同时提供链路的冗余备份功能。

【预备知识】

一、交换机网络中的冗余链路

如图 4-2 所示，SW1-SW2-SW3 的链路是主链路，SW1-SW3 之间的链路为备份链路。使用备份链接的好处是：可以提高网络的健全性、稳定性。同时，备份链接会带来另外一个问题，即环路问题，如图 4-3 所示。

二、环路问题

环路问题将会导致广播风暴、多帧复制、MAC 地址表不稳定等问题。

广播：网络中一台设备能够将数据包转发给网络中所有其他站点的技术称为广播。广播使用广播帧来发送、传递信息，广播帧没有明确的目的地址，发送的对象就是网络中所有的主机，也就是说网络中的所有主机都将接收到该数据帧。

广播风暴：在一些较大型的网络中，当大量广播流（如 MAC 地址查询信息等）同时在网络中传播时便会发生数据包的碰撞，而网络试图缓解这些碰撞，重传更多的数据包，结果导致全网的可用带宽减少，并最终使得网络失去连接而瘫痪，这一过程被称为广播风暴。

项目 4

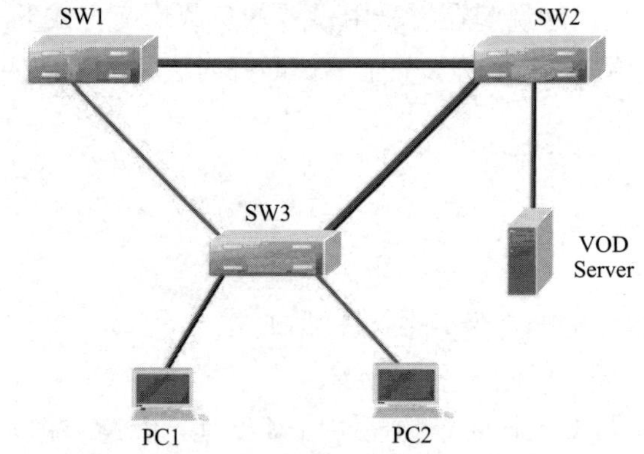

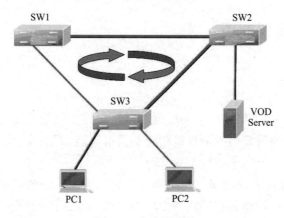

图 4-2 交换冗余链路

图 4-3 产生环路

多帧复制：网络中如果存在环路，目的主机可能会收到某个数据帧的多个副本，此时会导致上层协议（网络层）在处理这些数据帧时无从选择，产生迷惑：究竟该处理哪个帧呢？严重时还可能导致网络连接的中断。

MAC 地址表不稳定：当交换机连接不同网段时，将会出现通过不同端口接收到同一个广播域的多个副本的情况。这一过程也会同时导致 MAC 地址表的多次刷新。这种持续的更新、刷新过程会严重耗用内存资源，影响交换机的交换能力，同时降低整个网络的运行效率。严重时，将耗尽整个网络资源，并最终造成网络瘫痪。

解决环路的最初思路是：当主要链路正常时，断开备份链路；当主要链路出现故障时，就自动启动备份链路，于是就产生了生成树协议。

三、生成树协议概述

为了解决冗余链路引起的环路问题，IEEE 通过了 IEEE 802.1d 协议，即生成树协议。STP（Spanning-Tree Protocol，生成树协议）协议的主要思想就是当网络中存在备份链路时，只允许主链路激活，如果主链路因故障而被断开后，备用链路才会被打开。

当交换机间存在多条链路时，交换机的生成树算法（SPA）只启动最主要的一条链路，而将其他链路上的冗余端口置于"阻塞状态"，将这些链路变为备用链路。当主链路出现问题时，生成树协议将会重新计算出网络的最优链路，将处于"阻塞状态"的端口重新打开，自动启用备用链路来接替主链路的工作，不需要任何人工干预。生成树协议的主要作用是避免回路，冗余备份。

生成树协议同其他协议一样，是随着网络的发展而不断更新换代的，生成树协议的发展过程划分为三代。

第一代生成树协议：STP/RSTP。

第二代生成树协议：PVST/PVST+。

第三代生成树协议：MISTP/MSTP。

（1）什么是 BPDU。生成树协议是如何使网络既保持链路冗余又不产生广播风暴的呢？

为了实现这种功能，运行 STP 协议的交换机之间通过网桥协议数据单元 BPDU（Bridge Protocol Data Unit）进行信息的交流。

BPDU 的组成：

版本号：00（IEEE 802.1d）、02（IEEE 802.1w）。

Bridge ID：交换机 ID，Bridge ID=交换机优先级+交换机 MAC 地址。

Root ID：根交换机 ID。

Root Path Cost：到达根的路径开销。

Port ID：发送 BPDU 的端口 ID，Port ID =端口优先级+端口编号。

Hello Time：定期发送 BPDU 的时间间隔。

Max-Age Time：保留对方 BPDU 消息的最长时间。

Forward-Delay Time：发送延迟，即端口状态改变的时间间隔。

其他一些诸如表示发现网络拓扑变化、本端口状态的标志位。

（2）网桥 ID 及网桥优先级。网桥 ID 由网桥优先级和 MAC 地址组成。网桥优先级数值越小级别越高。优先级的设置值有 16 个，都是 4096 的倍数，分别是 0、4096、8192、12288、16384、20480、24576、28672、32768、36864、40960、45056、49152、53248、57334 和 61440，默认值为 32768。

（3）端口 ID 及端口优先级。端口 ID 由端口优先级和端口号组成。端口优先级数值越小级别越高。端口优先级的值也有 16 个，都是 16 的倍数，分别是 0、16、32、48、64、80、96、112、128、144、160、176、192、208、224 和 240，默认值为 128。

（4）根路径开销。根路径开销是指网桥到根桥的路径花费（Root Path Cost）。路径开销由链路速度决定，它由 IEEE 指定，如表 4-1 所示。

表 4-1　第二次修正的路径开销

链路速度	第二次修正的路径开销
10Gb/s	2
1Gb/s	4
100Mb/s	19
10Mb/s	100

四、生成树协议（STP）的工作过程

生成树协议的国际标准是 IEEE 802.1d。运行生成树算法的网桥/交换机在规定的时间间隔（默认 2 秒）内通过网桥协议数据单元（BPDU）的组播帧与其他交换机交换配置信息，其工作过程如下：

（1）选举一个根网桥。选举根桥的依据是网络中桥 ID 最小的被选为根网桥，其中桥 ID 由桥优先级+桥 MAC 地址组成。选举规则：先比较交换机的优先级，优先级数值最小的会被选为根网桥；如果网桥优先级一样，则进一步比较交换机的 MAC 地址，MAC 地址最小的交换机成为根网桥。因此图 4-4 中的 SW2 会被选为根网桥。

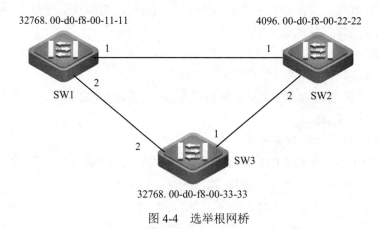

图 4-4　选举根网桥

（2）在每个非根网桥上选举一个根端口。对于非根网桥交换机，到达根网桥的最佳路径的端口被选为根端口。选举规则：根路径成本最小；发送网桥 ID 最小；发送端口 ID 最小。根据选举规则，SW1 的 f0/1 端口为根端口，SW3 的 f0/1 端口也被选为根端口，如图 4-5 所示，用方框表示。

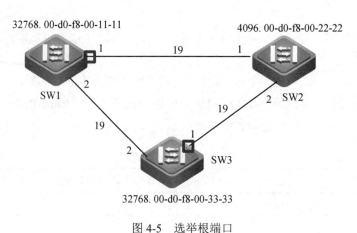

图 4-5　选举根端口

（3）在每个网段上选举一个指定端口。指定端口就是连接在某个网段上的一个桥接端口，它通过该网段既向根交换机发送流量，也从根交换机接收流量。桥接网络中的每个网段都必须

有一个指定端口。选举规则：根路径成本最小；所在交换机的网桥 ID 最小；端口 ID 最小。依据选举规则，SW2 的 f0/1 和 f0/2 会被选为指定端口，SW1 的 f0/2 端口会被选为指定端口，如图 4-6 中的圆圈所示。

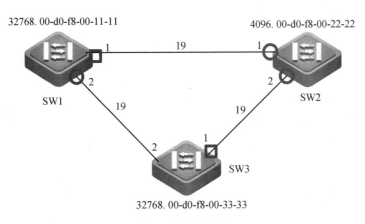

图 4-6　选举指定端口

（4）阻塞非根端口和非指定端口。当网桥已经选举出根端口、指定端口后，其余端口为非根非指定端口（用叉表示）。根端口、指定端口处于转发数据状态，而非根非指定端口处于禁止数据转发状态，由此形成逻辑上无环路的网络拓扑结构。在图 4-7 中，SW3 的 2 号端口被阻塞，SW1 和 SW3 之间的链路为备份链路，当 SW1 和 SW2、SW3 和 SW2 之间的主链路正常时，这条链路处于逻辑断开状态，这样交换环路变成了逻辑上的无环拓扑，只有当主链路故障时才会启用备份链路。

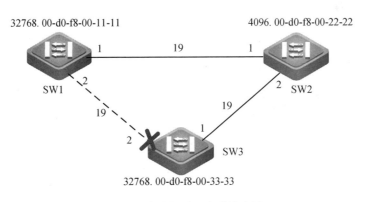

图 4-7　阻塞非根端口和非指定端口

【任务实施】

实训设备：1 台二层交换机、1 台三层交换机、2 台 PC、4 条直连线。

网络拓扑结构图如图 4-8 所示，L2-SW、L3-SW 分别代表二层交换机和三层交换机，F0/1、F0/2 代表交换机的两个端口。

快速生成树配置

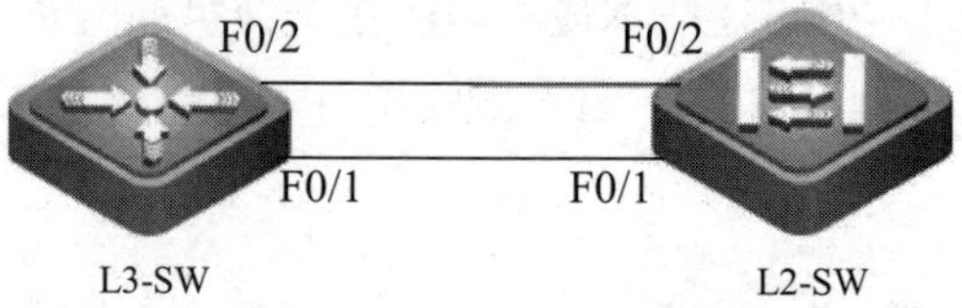

图 4-8　任务 2 的实训网络拓扑结构图

注意事项：

①按照拓扑结构图连接网络时要注意，两台交换机都配置快速生成树协议后再将两台交换机连接起来。如果先连线再配置会造成广播风暴，影响交换机的正常工作。

②锐捷交换机默认是关闭 spanning-tree 的，如果网络在物理上存在环路，则必须手工开启 spanning-tree。

③锐捷全系列的交换机默认为 MSTP 协议，在配置时注意生成树协议的版本。

步骤 1：配置两台交换机的主机名和管理 IP 地址。

三层交换机：

```
S3760#configure terminal
S3760(config)#hostname L3-SW
L3-SW(config)#int vlan 1
L3-SW(config-if)#ip address 192.168.1.1 255.255.255.0
L3-SW(config-if)#no shutdown
L3-SW(config-if)#exit
L3-SW(config)#interface f0/1
L3-SW(config-if)#switchport mode trunk
L3-SW(config-if)#exit
L3-SW(config)#interface f0/2
L3-SW(config-if)#switchport mode trunk
L3-SW(config-if)#exit
```

二层交换机：

```
switch#configure terminal
switch(config)#hostname L2-SW
L2-SW(config)#int vlan 1
L2-SW(config-if)#ip add 192.168.1.2 255.255.255.0
L2-SW(config-if)#no shutdown
L2-SW(config-if)#exit
L2-SW(config)#interface f0/1
L2-SW(config-if)#switchport mode trunk
L2-SW(config-if)#exit
L2-SW(config)#interface f0/2
L2-SW(config-if)#switchport mode trunk
L2-SW(config-if)#exit
```

步骤 2：在两台交换机上启用快速生成树协议。

```
L2-SW(config)#spanning-tree              //启用生成树协议
L2-SW(config)#spanning-tree mode rstp    //指定生成树协议的类型为 RSTP
```

L3-SW(config)#spanning-tree

L3-SW(config)#spanning-tree mode rstp　　　　//指定生成树协议的类型为 RSTP

验证测试：使用 show spanning-tree 命令观察现在两台交换机上生成树的工作状态。

L3-SW#show spanning-tree

L2-SW#show spanning-tree

步骤 3：指定三层交换机为根网桥，二层交换机的 F0/2 端口为根端口，指定两台交换机的端口路径成本计算方法为短整型。

三层交换机：

L3-SW(config)#spanning-tree priority ?

L3-SW(config)#spanning-tree priority 4096

!配置网桥优先级为 4096

L3-SW(config)#int f0/2

L3-SW(config-if)#spanning-tree port-priority 96

!修改 f0/2 端口的优先级为 96

L3-SW(config-if)#exit

L3-SW(config)#spanning-tree pathcost method short

!修改计算路径成本的方法为短整型

L3-SW(config)#exit

二层交换机：

L2-SW(config)#spanning-tree pathcost method short

!修改计算路径成本的方法为短整型

L2-SW(config)#exit

步骤 4：查看生成树的配置。

三层交换机：

L3-SW#show spanning-tree

!查看三层交换机的生成树配置

StpVersion : RSTP

SysStpStatus : ENABLED

MaxAge : 20

HelloTime : 2

ForwardDelay : 15

BridgeMaxAge : 20

BridgeHelloTime : 2

BridgeForwardDelay : 15

MaxHops: 20

TxHoldCount : 3

PathCostMethod : Short

BPDUGuard : Disabled

BPDUFilter : Disabled

BridgeAddr : 001a.a906.57fc

Priority: 4096

TimeSinceTopologyChange : 0d:0h:0m:48s

TopologyChanges : 5

DesignatedRoot : 1000.001a.a906.57fc

RootCost : 0

RootPort : 0

L3-SW#show spanning-tree interface f0/1
!查看 f0/1 端口的生成树配置
PortAdminPortFast : Disabled
PortOperPortFast : Disabled
PortAdminLinkType : auto
PortOperLinkType : point-to-point
PortBPDUGuard : disable
PortBPDUFilter : disable
PortState : forwarding
PortPriority : 128
PortDesignatedRoot : 1000.001a.a906.57fc
PortDesignatedCost : 0
PortDesignatedBridge :1000.001a.a906.57fc
PortDesignatedPort : 8001
PortForwardTransitions : 2
PortAdminPathCost : 19
PortOperPathCost : 19
PortRole : designatedPort

L3-SW#show spanning-tree interface f0/2
!查看 f0/2 端口的生成树配置
PortAdminPortFast : Disabled
PortOperPortFast : Disabled
PortAdminLinkType : auto
PortOperLinkType : point-to-point
PortBPDUGuard : disable
PortBPDUFilter : disable
PortState : forwarding
PortPriority : 96
PortDesignatedRoot : 1000.001a.a906.57fc
PortDesignatedCost : 0
PortDesignatedBridge :1000.001a.a906.57fc
PortDesignatedPort : 6002
PortForwardTransitions : 1
PortAdminPathCost : 19
PortOperPathCost : 19
PortRole : designatedPort

二层交换机：

L2-SW#show spanning-tree
!查看二层交换机的生成树配置
StpVersion : RSTP
SysStpStatus : ENABLED
MaxAge : 20
HelloTime : 2
ForwardDelay : 15

BridgeMaxAge : 20

BridgeHelloTime : 2

BridgeForwardDelay : 15

MaxHops: 20

TxHoldCount : 3

PathCostMethod : Short

BPDUGuard : Disabled

BPDUFilter : Disabled

BridgeAddr : 00d0.f87c.3f39（桥 MAC 地址）

Priority: 32768（优先级）

TimeSinceTopologyChange : 0d:0h:2m:0s

TopologyChanges : 2

DesignatedRoot : 1000.001a.a906.57fc

RootCost : 200000

RootPort : 2

L2-SW#show spanning-tree interface f0/1

!查看二层交换机的 f0/1 端口的生成树配置

PortAdminPortFast : Disabled

PortOperPortFast : Disabled

PortAdminLinkType : auto

PortOperLinkType : point-to-point

PortBPDUGuard : disable

PortBPDUFilter : disable

PortState : discarding

PortPriority : 128

PortDesignatedRoot : 1000.001a.a906.57fc

PortDesignatedCost : 0

PortDesignatedBridge :1000.001a.a906.57fc

PortDesignatedPort : 8001

PortForwardTransitions : 1

PortAdminPathCost : 19

PortOperPathCost : 19

PortRole : alternatePort　（端口角色：替换端口）

L2-SW#show spanning-tree interface f0/2

!查看二层交换机的 f0/2 端口的生成树配置

PortAdminPortFast : Disabled

PortOperPortFast : Disabled

PortAdminLinkType : auto

PortOperLinkType : point-to-point

PortBPDUGuard : disable

PortBPDUFilter : disable

PortState : forwarding（端口状态：转发）

PortPriority : 128（端口优先级：128）

PortDesignatedRoot : 1000.001a.a906.57fc

PortDesignatedCost : 0

PortDesignatedBridge :1000.001a.a906.57fc

PortDesignatedPort : 6002

PortForwardTransitions : 1

PortAdminPathCost : 19

PortOperPathCost : 19（端口路径开销：19）

PortRole : rootPort（端口角色：根端口）

步骤 5：验证配置。

在三层交换机 L3-SW 上长时间地 ping 二层交换机 L2-SW，其间断开 L2-SW 上的转发端口 f0/2，这时观察替换端口能够在多长时间内成为转发端口。

```
L3-SW#ping 192.168.1.2 ntimes 1000
!使用 ping 命令的 ntimes 参数指定 ping 的次数
Sending 1000, 100-byte ICMP Echoes to 192.168.1.2, timeout is 2 seconds:
  < press Ctrl+C to break >
!!!!!!!!!!!!!!!!!!!!.Nov 20 11:00:56 L3-SW %7:%LINK CHANGED: Interface FastEthern
et 0/2, changed state to down
Nov 20 11:00:56 L3-SW %7:%LINE PROTOCOL CHANGE: Interface FastEthernet 0/2, chan
ged state to DOWN
!!!!!!!!!!!!!!!!!!!!!!!!!!!!!!!!!!!!!!!!!!!!!!!!!!!!!!!!!!!!!!!!!!!!!!!!!!!!!!!!!!!!!!!!!!!
!!!!!!!!!!!!!!!!!!!!!!!!!!!!!!!!!!!!!!!!!!!!!!!!!!!!!!!!!!!!!!!!!!!!!!!!!!!!!!!!!!!!!!!!!!!
!!!!!!!!!!!!!!!!!!!!!!!!!!!!!!!!!!!!!!!!!!!!!!!!!!!!!!!!!!!!!!!!!!!!!!!!!!!!!!!!!!!!!!!!!!!
!!!!!!!!!!!!!!!!!!!!!!!!!!!!!!!!!!!!!!!!!!!!!!!!!!!!!!!!!!!!!!!!!!!!!!!!!!!!!!!!!!!!!!!!!!!
!!!!!!!!!!!!!!!!!!!!!!!!!!!!!!!!!!!!!!!!!!!!!!!!!!!!!!!!!!!!!!!!!!!!!!!!!!!!!!!!!!!!!!!!!!!
!!!!!!!!!!!!!!!!!!!!!!!!!!!!!!!!!!!!!!!!!!!!!!!!!!!!!!!!!!!!!!!!!!!!!!!!!!!!!!!!!!!!!!!!!!!
!!!!!!!!!!!!!!!!!!!!!!!!!!!!!!!!!!!!!!!!!!!!!!!!!!!!!!!!!!!!!!!!!!!!!!!!!!!!!!!!!!!!!!!!!!!
Success rate is 99 percent (998/1000), round-trip min/avg/max = 1/9/220 ms
```

从中可以看到替换端口变成转发端口的过程中丢失了两个 ping 包，中断时间小于 20ms。

【任务小结】

1．两台交换机之间先接一条线配置，配置完后再接上另外一条线，否则如果两条线同时接上再配置，会形成环路而产生广播风暴。

2．Discarding 为丢弃状态，forwarding 为转发状态。

课后习题

1．一般交换机最多支持（　　）个物理端口组成一个聚合端口。

A．2　　　　　　B．4　　　　　　C．8　　　　　　D．16

2．下面（　　）不是聚合端口应具备的条件。

A．AP 成员端口的端口速率必须一致

B．AP 成员端口必须属于不同的 VLAN

C．AP 成员端口必须同时为二层端口或同时为三层端口

D．AP 成员端口使用的传输介质应相同

3．在交换机 L2 上创建聚合端口 AP1，使其包含端口 f0/23-24，下列配置命令中正确的是（　　）。

    A．L2(config)#int f0/23-24，L2(config-if-range)#port-group　1

    B．L2(config)#int range f0/23-24，L2(config-if-range)#port-group　1

    C．L2(config)#int range f0/23-24，L2(config-if-range)#port-group　2

    D．L2(config)#int range f0/3-4，L2(config-if-range)#port-group　1

4．聚合端口 AP 的功能遵循（　　）标准，它的目标是扩展链路带宽，提高链路可靠性。

    A．IEEE.802.1q   B．IEEE.802.3   C．IEEE.802.3ad D．IEEE.802.1d

5．在端口聚合配置中，配置两台交换机的管理 IP 地址是在（　　）上配置的。

    A．VLAN 10   B．VLAN 20   C．VLAN 30   D．VLAN 1

6．设置三层交换机的优先级为 4096 的正确命令是（　　）。

    A．(config-if)#spanning-tree priority　4096

    B．(config)#spanning-tree port-priority　4096

    C．(config)#spanning-tree priority　4096

    D．(config-if)#spanning-tree port-priority　4096

7．交换机的优先级默认值是（　　）。

    A．4096   B．8192   C．61440   D．32768

8．交换机的端口优先级默认值是（　　）。

    A．16   B．32   C．64   D．128

9．对于一个处于学习状态的端口，以下选项中正确的是（　　）。

    A．可以接收和发送 BPDU，但不能学习 MAC 地址

    B．既可以接收和发送 BPDU，也可以学习 MAC 地址

    C．可以学习 MAC 地址，可以转发数据帧

    D．不能学习 MAC 地址，但可以转发数据帧

10．（　　）不会被泛洪到除接收端口以外的其他端口。

    A．已知目的地址的单播帧   B．未知目的地址的单播帧

    C．多播帧   D．广播帧

项目**5**

构建中型局域网

【项目目标】

知识目标：理解路由的概念，理解路由转发数据包的原理，掌握静态路由的配置方法，掌握 RIP 及 OSPF 动态路由协议的配置方法。

能力目标：能完成路由器的基本配置，能完成静态路由配置，能完成 RIP 及 OSPF 动态路由协议配置。

任务 1   在路由器上配置 Telnet

【用户需求与分析】

校园网中路由器用于连接多个子网时，通常放置的位置都距离较远，查看和修改配置会很麻烦，如果每次配置路由器都到路由器所在地点进行现场配置，管理员的工作量会很大。此时如果可以远程登录到路由器上进行操作，将会大大降低管理员的工作量。

需要掌握配置路由器的密码、配置 Telnet 服务，以及通过 Telnet 远程登录路由器进行操作的方法。

【预备知识】

一、路由器概述

（1）什么是路由。网络中二层交换机只能"读懂"数据帧，依据数据帧中的 MAC 地址确定主机在网络中的位置。我们将通过查询交换机中的 MAC 地址表、转发数据帧、实现在同一网络内的数据帧转发的过程称为"交换"。网络中三层设备能够"读懂"数据包，依据数据包中的 IP 地址确定主机所在网络及网络中的位置。我们将通过查询路由器或三层交换机中的路由表、转发数据包、实现在不同网络之间的数据包转发的过程称为"路由"。路由是指分组从源到目的地时决定端到端路径的网络范围的进程。

（2）路由器。路由器是 OSI 参考模型第三层网络层经常使用的设备之一，每个端口连接不同网络，形成互连网络。路由器不但能实现不同 IP 网络主机之间的相互访问，还能实现不同通信协议网络主机间的相互访问，不转发广播数据包。一般情况下路由器是作为小型局域网的出口设备或大型网络的互连设备来使用的。

（3）路由器的管理方式。路由器的管理方式基本分为带内管理和带外管理两种。通过路由器的 Console 口管理路由器就属于带外管理，不占用路由器的网络接口，特点是线缆特殊，需要近距离配置。第一次配置路由器时就必须利用 Console 进行配置，使其支持 telnet 远程管理。

（4）路由器的基本配置。路由器的命令行操作模式主要包括用户模式、特权模式、全局配置模式、端口模式。

- 用户模式：是进入路由器后得到的第一个操作模式，该模式下可以简单查看路由器的软硬件版本信息，并进行简单的测试。用户模式的提示符为 ruijie>。
- 特权模式：由用户模式进入的下一级模式，该模式下可以对路由器的配置文件进行管理、查看路由器的配置信息、进行网络的测试和调试等。特权模式提示符为 ruijie#。
- 全局配置模式：属于特权模式的下一级模式，该模式下可以配置路由器的全局参数（如主机名、登录信息等）。在该模式中可以进入下一级的配置模式，对路由器具体的功能进行配置。全局模式提示符为 ruijie(config)#。
- 端口模式：属于全局配置模式的下一级模式，该模式可以对路由器的端口进行参数配置。

路由器的基本操作命令有以下几个：

- exit：退回到上一级操作模式。
- end：直接退回到特权模式，查看路由器的系统和配置命令要在特权模式下进行。
- Show version：查看路由器的版本信息，可以查看到路由器的硬件版本信息和软件版本信息，作为进行路由器操作系统升级时的依据。
- Show ip route：查看路由表信息。
- Show running-config：查看路由器当前生效的配置信息。

注意：

①在命令行中，使用？显示当前模式下所有可执行的命令。

②Incomplete command. 提示命令未完，必须附带可执行的参数。

③路由器支持命令简写，如 RSR20#conf t 代表 configure terminal。

④使用 end 命令可以直接返回特权模式；使用 exit 命令返回上一级的操作模式；使用快捷键 Ctrl+Z 直接退回到特权模式。

⑤设置每日提醒，在全局模式下输入 banner motd &，然后输入要提醒的内容，输入完后打上&符号。

⑥查看接口配置信息：RouterA#show interfaces fastEthernet 0/?。?号为交换机所对应的端

口号。

⑦在端口配置了 IP 地址后，必须要在该模式下用 no shutdown 开启端口，否则配置失效。

⑧查看路由器的版本信息：RouterA#show version。

⑨查看路由表信息：RouterA#show ip route。

⑩查看路由器当前生效的配置信息：RouterA#show running-config。

二、串行接口

串行接口（Serial Port）又称"串口"，也称串行通信接口（通常指 COM 接口），是采用串行通信方式的扩展接口。常见的有一般计算机应用的 RS-232（使用 25 针或 9 针连接器）和工业计算机应用的半双工 RS-485 与全双工 RS-422。

三、V.35 线缆

V.35 线缆的接口特性严格遵照 EIA/TIA-V.35 标准。路由器端为 DB50 接头，外接网络端为 34 针接头，分 DCE 和 DTE 两种，对应的 DCE 侧为插座（34 孔），DTE 侧为插头（34 针）。

V.35 电缆一般只用于同步方式传输数据，可以在接口封装 X.25、帧中继、PPP、SLIP、LAPB 等链路层协议，支持网络层协议 IP 和 IPX。V.35 电缆通常用于路由器与基带 Modem 的连接之中，V.35 电缆传输（同步方式下）的公认最高速率为 2048000b/s（2Mb/s）。

四、实训原理

将两台路由器通过串口用 V.35 DTE/DCE 电缆连接起来，分别配置 Telnet，可以互相以 Telnet 方式登录对方。

路由器提供广域网接口（Serial 高速同步串口），使用 V.35 线缆连接广域网接口链路。在广域网连接时一端为 DCE（数据通信设备），一端为 DTE（数据终端设备）。要求必须在 DCE 端配置时钟频率才能保证链路的连通。

【任务实施】

实训设备：2 台路由器（带串口）、1 对 V.35 DCE/DTE 线缆。

网络拓扑结构图如图 5-1 所示。

远程登录配置

图 5-1　任务 1 的实训网络拓扑结构图

实训目的：掌握如何在路由器上配置 Telnet，以实现路由器的远程登录访问。

注意事项：

①如果两台路由器通过串口直接互连，则必须在其中一端设置时钟频率（DCE）。

②如果没有配置 Telnet 密码，则登录时会提示"Password required,but none set"。

③如果没有配置 enable 密码，则远程登录到路由器上后不能进入特权模式并提示"Password required, but none set"。

步骤 1：在路由器上配置名称、IP 地址和时钟频率。

路由器 RA 的配置：

```
Red-Giant>en
Red-Giant#conf t
Enter configuration commands, one per line.    End with CNTL/Z.
Red-Giant(config)#host
Red-Giant(config)#hostname RA
RA(config)#interface serial ?
!查看路由器的串口模块编号
<1-1>Serial interface number
RA(config)#interface serial 1/2
RA(config-if)#clock rate ?
!查看接口 s1/2 的时钟频率
    Select one from the following list
    1200
    2400
    4800
    9600
    19200
    38400
    57600
    64000
    115200
    128000
    256000
    512000
    1024000
    2048000
    4096000
    8192000
<1200-8192000>    Clock rate
RA(config-if)#clock rate 64000
!选取其中一个存在的值即可
RA(config-if)#ip address 192.168.1.1 255.255.255.0
RA(config-if)#no shut
RA(config-if)#no shutdown
RA(config-if)#exit
```

路由器 RB 的配置：

```
Red-Giant>
Red-Giant>en
Red-Giant#conf t
Enter configuration commands, one per line.    End with CNTL/Z.
Red-Giant(config)#hostname RB
RB(config)#int s
RB(config)#int serial ?
<1-1>    Serial interface number
RB(config)#int serial 1/2
RB(config-if)#ip add 192.168.1.2 255.255.255.0
RB(config-if)#no sh
RB(config-if)#exit
```

步骤 2：在两台路由器上分别配置 Telnet。

路由器 RA 的配置：

```
RA(config)#enable password ruijie
!配置 RA 的 enable 密码为 ruijie
RA(config)#line vty 0 4
!打开虚拟终端 0～4 号会话口
RA(config-line)#password star
!设置其他设备来远程访问 RA 时的验证密码为 star
RA(config-line)#login
!允许登录
RA(config-line)#end
RA#
```

路由器 RB 的配置：

```
RB(config)#enable password 123
!配置 RB 的 enable 密码为 123
RB(config)#line vty 0 4
RB(config-line)#password 456
!设置其他设备来远程访问 RB 时的验证密码为 456
RB(config-line)#login
RB(config-line)#end
RB#
```

步骤 3：测试两台路由器的连通性，并以 Telnet 方式远程登录对方。

```
RA#ping 192.168.1.2
Sending 5, 100-byte ICMP Echoes to 192.168.1.2, timeout is 2 seconds:
< press Ctrl+C to break >
!!!!!
Success rate is 100 percent (5/5), round-trip min/avg/max = 37/37/37 ms
```

```
RA#telnet 192.168.1.2
Trying 192.168.1.2, 23...
User Access Verification
Password:
!此处输入 RB 上配置的远程访问密码 456
```

```
RB>en
Password:
!此处输入 RB 上配置的 enable 密码 123
RB#
!此时可以在路由器 RA 上对 RB 进行配置
```

```
RB#ping 192.168.1.1
Sending 5, 100-byte ICMP Echoes to 192.168.1.1, timeout is 2 seconds:
< press Ctrl+C to break >
!!!!!
Success rate is 100 percent (5/5), round-trip min/avg/max = 37/37/37 ms
```

```
RB#telnet 192.168.1.1
Trying 192.168.1.1, 23...
User Access Verification
Password:
!此处输入 RA 上配置的远程访问密码 star
RA>en
Password:
!此处输入 RB 上配置的 enable 密码 ruijie
RA#
!此时可以在路由器 RB 上对 RA 进行配置
```

【任务小结】

1．V.35 线缆连接时要看好哪个接的是 DCE 端，哪个接的是 DTE 端。

2．接 DCE 端的接口要配置时钟频率。

3．进入路由器的串口配置时，一定要留意线缆实际接在路由器的哪个串口上（Serial 1/2，Serial 1/3），新设备的接口有 L3-SW/0、S4/0，用以下命令可以查询具体端口编号：

router(config)#interface serial ?

3-4   slot number

4．用模拟器操作的同学注意配置时钟频率时可用 router(config)#clock rate ？命令查看可以使用的时钟频率有哪些，可选取其中的一个。

5．路由器 DCE 配置时钟频率的原因。

同步通信都要有时钟进行同步，配置时钟频率就是要告诉这个端口是以自身的时钟为准，还是取线路时钟，或者取外部的 DTE 时钟。只有确立了同步方式，串口才可以好好地工作。在同步通信里这都是必须有的，而异步通信则以校验停止位进行数据传输。

6．必须配置 Telnet 密码和 enable 密码，否则不能登录。

任务 2　静态路由配置

【用户需求与分析】

假设校园网分为两个区域，每个区域内使用一台路由器连接两个子网，现要在路由器上做适当配置来实现校园网内各个区域子网之间的相互通信。

两台路由器通过串口以 V.35 线缆连接在一起，并在每个路由器上各连接两台计算机分别代表两个不同子网，并要在两台路由器上分别配置静态路由来实现所有子网之间的互通。

【预备知识】

一、路由器转发数据包的工作过程

路由器转发数据包的关键是路由表，每个路由器中都保存着一张路由表，表中每条路由项都指明数据到某个子网或某台主机应通过路由器的哪个物理接口发送出去,然后就可以到达该路径的下一个路由器，或者不再经过别的路由器而传送到直接相连的网络中的目的主机。

路由器转发数据包的工作过程如图 5-2 所示。

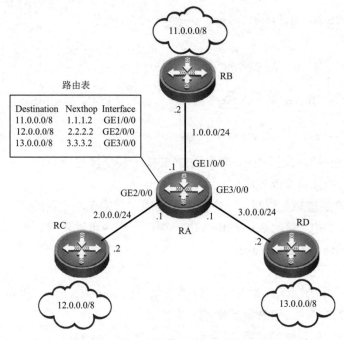

图 5-2　路由器转发数据包的工作过程

根据路由器 RA 的路由表信息可以得知从路由器 RA 要到达的目的网段有 3 个，分别是 11.0.0.0/8、12.0.0.0/8、13.0.0.0/8。从 RA 转发数据包到 RB 来看，它的下一跳地址是 1.0.0.2,本地出口是路由器 RA 上的 GE1/0/0。从 RA 转发数据包到 RC 来看,它的下一跳地址是 2.0.0.2,本地出口是路由器 RA 上的 GE2/0/0。从 RA 转发数据包到 RD 来看,它的下一跳地址是 3.0.0.2,本地出口是路由器 RA 上的 GE3/0/0。

二、路由分类

路由表中的路由可以通过不同途径获得，可以是路由器直接产生的直连路由、管理员手工创建的静态路由、路由协议动态学习的动态路由等。

- 直连路由：给路由器接口配置一个 IP 地址，路由器自动产生本接口 IP 地址所在网段的路由信息。
- 静态路由：在拓扑结构简单的网络中，网管可以通过手工的方式配置本路由未知网段的路由信息，从而实现不同网段之间的连接。
- 动态路由协议学习产生的路由：在大规模网络中或网络拓扑相对复杂的情况下，通过在路由器上运行动态路由协议，路由器之间相互自动学习产生路由信息。

默认路由是静态路由的一种特殊情况，是放置在路由表中最后执行的静态路由。当路由表中所有路由都不匹配时，则按照默认路由转发数据包。

三、loopback 接口

Loopback 接口为本地环回接口（或地址），也称回送地址。此类接口是应用最为广泛的一种虚拟接口，用来在设备上没有接计算机时模拟子网的存在，可以对环回接口配置 IP 地址，几乎在每台路由器上都会使用，跟 Windows 系统的回送地址 127.0.0.1 类似。

四、配置静态路由的命令

router(config)#ip route [目的网段地址] [子网掩码] [下一跳 IP 地址/本地接口]

或

router(config)#ip route network net-mask {ip-address|interface}[distance]

其中，network 为目标网络，net-mask 为子网掩码，ip-address 为到达目标网络的下一跳 IP 地址，interface 为到达目标网络的数据包转发接口，distance 为设置管理距离（可选项），默认管理距离为 1。使用 no 命令可以删除已配置的静态路由。

配置到目标网络 172.16.10.0/24 的静态路由，下一跳为 192.168.1.2。

router(config)#ip route 172.16.10.0 255.255.255.0 192.168.1.2

配置到目标网络 172.16.20.0/24 的静态路由，要求数据流量只能从 F0/1 端口转发。

router(config)#ip route 172.16.20.0 255.255.255.0 F0/1

删除到目标网络 172.16.20.0/24 的静态路由。

router（config）#no ip route 172.16.20.0 255.255.255.0 F0/1

【任务实施】

静态路由配置

实训设备：2 台路由器（带串口）、1 对 V.35 DCE/DTE 电缆、4 台计算机。

网络拓扑结构图如图 5-3 所示。

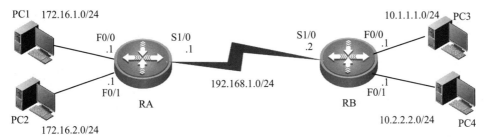

图 5-3　任务 2 的实训网络拓扑结构图

实训目的：理解静态路由的工作原理，掌握如何配置静态路由。

注意事项：

①静态路由必须双向都配置才能互通，在配置时要注意回程路由。

②连线时请注意两台路由器之间要采用 V.35 线缆。

③两台路由器通过串口直接相连，则必须在 DCE 端设置时钟频率用于同步通信。

④注意 4 台计算机网关的设置要与各自所接路由器的接口 IP 地址保持一致。

步骤 1：配置路由器的名称、接口 IP 地址和时钟频率。

RA：

```
Router#conf t
Enter configuration commands, one per line.    End with CNTL/Z.
Router(config)#hostname RA
!配置路由器的名称
RA(config)#int serial 1/0
!进入连接的串口（实验中端口号可能不同）
RA(config-if)#clock rate ?
Speed (bits per second
  1200
  2400
  4800
  9600
  19200
  38400
  56000
  64000
  72000
  125000
  128000
  148000
  250000
  500000
  800000
  1000000
  1300000
  2000000
  4000000
<300-4000000>    Choose clockrate from list above
!查看当前路由器支持的时钟频率
RA(config-if)#clock rate 56000
RA(config-if)#ip add
RA(config-if)#ip add 192.168.1.1 255.255.255.0
!为端口设置 IP
RA(config-if)#no shutdown
RA(config-if)#exit
RA(config)#int f0/0
```

```
RA(config-if)#ip add 172.16.1.1 255.255.255.0
RA(config-if)#no shut
RA(config-if)#ex
RA(config)#int f0/1
RA(config-if)#ip add 172.16.2.1 255.255.255.0
RA(config-if)#no shutdown
```

RB:

```
Router#conf t
Enter configuration commands, one per line.    End with CNTL/Z.
!进入全局配置模式
Router(config)#hostname RB
!配置路由器名称
RB(config)#int s1/0
RB(config-if)#ip add 192.168.1.2 255.255.255.0
!配置串口 IP
RB(config-if)#no shut
RB(config-if)#int f0/0
!进入 f0/0 端口
RB(config-if)#ip add 10.1.1.1 255.255.255.0
RB(config-if)#no shutdown
RB(config-if)#int f0/1
RB(config-if)#ip add 10.2.2.1 255.255.255.0
RB(config-if)#no shutdown
```

步骤 2：配置静态路由。

RA:

```
RA(config)#ip route 10.1.1.0 255.255.255.0 192.168.1.2
!配置到达 10.1.1.0 网段的静态路由，采用下一跳的方式
RA(config)#ip route 10.2.2.0 255.255.255.0 s1/0
!配置到达 10.2.2.0 网段的静态路由，采用出站端口的方式
```

RB:

```
RB(config)#ip route 172.16.1.0 255.255.255.0 192.168.1.1
!配置到达 172.16.1.0 网段的静态路由，采用下一跳的方式
RB(config)#ip route 172.16.2.0 255.255.255.0 s1/0
!配置到达 172.16.2.0 网段的静态路由，采用出站端口的方式
```

步骤 3：查看路由表和接口配置。

RA:

```
RA#sh ip route
Codes: C - connected, S - static, I - IGRP, R - RIP, M - mobile, B - BGP
       D - EIGRP, EX - EIGRP external, O - OSPF, IA - OSPF inter area
       N1 - OSPF NSSA external type 1, N2 - OSPF NSSA external type 2
       E1 - OSPF external type 1, E2 - OSPF external type 2, E - EGP
       i - IS-IS, L1 - IS-IS level-1, L2 - IS-IS level-2, ia - IS-IS inter area
       * - candidate default, U - per-user static route, o - ODR
       P - periodic downloaded static route
```

Gateway of last resort is not set

       10.0.0.0/24 is subnetted, 2 subnets
S   10.1.1.0 [1/0] via 192.168.1.2
S   10.2.2.0 is directly connected, Serial1/0
       172.16.0.0/24 is subnetted, 2 subnets
C   172.16.1.0 is directly connected, FastEthernet0/0
C   172.16.2.0 is directly connected, FastEthernet0/1
C   192.168.1.0/24 is directly connected, Serial1/0
!由表可知采用下一跳和出站端口方式的路由条目在表中显示是不一样的

RA#sh int s1/0
Serial1/0 is up, line protocol is up (connected)
  Hardware is HD64570
  Internet address is 192.168.1.1/24
  MTU 1500 bytes, BW 128 Kbit, DLY 20000 usec,
    reliability 255/255, txload 1/255, rxload 1/255
  Encapsulation HDLC, loopback not set, keepalive set (10 sec)
  Last input never, output never, output hang never
  Last clearing of "show interface" counters never
  Input queue: 0/75/0 (size/max/drops); Total output drops: 0
  Queueing strategy: weighted fair
  Output queue: 0/1000/64/0 (size/max total/threshold/drops)
    Conversations   0/0/256 (active/max active/max total)
    Reserved Conversations 0/0 (allocated/max allocated)
    Available Bandwidth 96 kilobits/sec
  5 minute input rate 20 bits/sec, 0 packets/sec
  5 minute output rate 23 bits/sec, 0 packets/sec
    6 packets input, 768 bytes, 0 no buffer
    Received 0 broadcasts, 0 runts, 0 giants, 0 throttles
    0 input errors, 0 CRC, 0 frame, 0 overrun, 0 ignored, 0 abort
    7 packets output, 896 bytes, 0 underruns
    0 output errors, 0 collisions, 1 interface resets
    0 output buffer failures, 0 output buffers swapped out
    0 carrier transitions
    DCD=up DSR=up DTR=up RTS=up CTS=up
  RB：

RB#sh ip route
Codes: C - connected, S - static, I - IGRP, R - RIP, M - mobile, B - BGP
      D - EIGRP, EX - EIGRP external, O - OSPF, IA - OSPF inter area
      N1 - OSPF NSSA external type 1, N2 - OSPF NSSA external type 2
      E1 - OSPF external type 1, E2 - OSPF external type 2, E - EGP
      i - IS-IS, L1 - IS-IS level-1, L2 - IS-IS level-2, ia - IS-IS inter area
      * - candidate default, U - per-user static route, o - ODR
      P - periodic downloaded static route

Gateway of last resort is not set

   10.0.0.0/24 is subnetted, 2 subnets
C   10.1.1.0 is directly connected, FastEthernet0/0
C   10.2.2.0 is directly connected, FastEthernet0/1
   172.16.0.0/24 is subnetted, 2 subnets
S   172.16.1.0 [1/0] via 192.168.1.1
S   172.16.2.0 is directly connected, Serial1/0
C 192.168.1.0/24 is directly connected, Serial1/0

RB#sh int s1/0
Serial1/0 is up, line protocol is up (connected)
 Hardware is HD64570
 Internet address is 192.168.1.2/24
 MTU 1500 bytes, BW 128 Kbit, DLY 20000 usec,
  reliability 255/255, txload 1/255, rxload 1/255
 Encapsulation HDLC, loopback not set, keepalive set (10 sec)
 Last input never, output never, output hang never
 Last clearing of "show interface" counters never
 Input queue: 0/75/0 (size/max/drops); Total output drops: 0
 Queueing strategy: weighted fair
 Output queue: 0/1000/64/0 (size/max total/threshold/drops)
  Conversations 0/0/256 (active/max active/max total)
  Reserved Conversations 0/0 (allocated/max allocated)
  Available Bandwidth 96 kilobits/sec
 5 minute input rate 0 bits/sec, 0 packets/sec
 5 minute output rate 0 bits/sec, 0 packets/sec
  7 packets input, 896 bytes, 0 no buffer
  Received 0 broadcasts, 0 runts, 0 giants, 0 throttles
  0 input errors, 0 CRC, 0 frame, 0 overrun, 0 ignored, 0 abort
  6 packets output, 768 bytes, 0 underruns
  0 output errors, 0 collisions, 1 interface resets
  0 output buffer failures, 0 output buffers swapped out
  0 carrier transitions
  DCD=up DSR=up DTR=up RTS=up CTS=up

步骤 4：测试网络的连通性。

PC1 ping PC3：

PC>ping 10.1.1.2
Pinging 10.1.1.2 with 32 bytes of data:
Reply from 10.1.1.2: bytes=32 time=2ms TTL=126
Reply from 10.1.1.2: bytes=32 time=3ms TTL=126
Reply from 10.1.1.2: bytes=32 time=7ms TTL=126
Reply from 10.1.1.2: bytes=32 time=3ms TTL=126

PC1 ping PC4：

PC>ping 10.2.2.2

Pinging 10.2.2.2 with 32 bytes of data:
Reply from 10.2.2.2: bytes=32 time=1ms TTL=126
Reply from 10.2.2.2: bytes=32 time=3ms TTL=126
Reply from 10.2.2.2: bytes=32 time=4ms TTL=126
Reply from 10.2.2.2: bytes=32 time=3ms TTL=126

【任务小结】

1．注意正确接线，拓扑结构图的连线与真实设备的连线保持一致，例如真实设备连线接在 S1/0 口，相应配置命令就要进入 S1/0 口配置。

2．接 DCE 端的路由器必须设置时钟频率用于同步通信。

3．注意 4 台计算机网关的设置以及子网掩码的设置。

4．配置静态路由可以采用以下两种方式进行：

①RouterA(config)#ip route 10.1.1.0 255.255.255.0 192.168.1.2

②RouterA(config)#ip route 10.2.2.0 255.255.255.0 s4/0

①是采用下一跳的方式，②是采用出站端口的方式。

5．操作过程中注重团队合作，分工明确，若出现问题，请相互检查对方的命令和配置是否正确。

任务 3　RIP 协议配置

【用户需求与分析】

假设校园网分为两个区域，每个区域内使用一台路由器连接两个子网，需要将两台路由器通过以太网链路连接在一起并进行适当的配置，以实现这 4 个子网之间的互连互通。计划使用 RIP 路由协议实现子网之间的互通。

两台路由器通过交叉线连接在一起，并在每个路由器上各连接两台计算机分别代表两个不同子网，并且要在两台路由器上分别配置 RIP 路由，实现所有子网之间的互通。

【预备知识】

一、路由选择方式

典型的路由选择方式有两种：静态路由和动态路由。

- 静态路由：静态路由是在路由器中设置的固定的路由表。除非网络管理员干预，否则静态路由不会发生变化。

- 动态路由：动态路由协议依据网络当前状态能够自动创建路由。和直连路由、静态路由不同，动态路由是网络中的路由器之间相互通信，传递路由信息，利用收到的路由信息更新路由表的过程，能够随网络拓扑的变化而自动更新。

二、动态路由协议分类

常见的动态路由协议有路由信息协议（RIP）和开放式最短路径优先协议（OSPF）等。

动态路由协议可分为内部网关协议（IGP）和外部网关协议（EGP）两类。内部网关协议是指在自治系统内部使用的路由协议，如 RIP、OSPF 等；外部网关协议是指在自治系统之间使用的路由协议，如边界网关协议（BGP）等。

内部网关协议按照工作机制又可分为距离矢量路由协议和链路状态路由协议。

距离矢量路由协议是以跳数来衡量一条路由优劣的内部网关协议。它通过在路由器之间定时交换路由信息，经过实施距离矢量算法产生新的路由。常见的距离矢量路由协议有 RIP、IGRP 等。距离矢量路由协议会产生路由环路问题，解决路由环路的主要措施有水平分割、毒性逆转、触发更新、时间抑制、设置最大跳数等。

链路状态路由协议是以带宽、延时等综合参数来衡量一条路由优劣的内部网关路由协议。它通过向全网发布链路状态信息，经过实施链路算法产生新的路由。常见的链路状态路由协议有 OSPF、IS-IS 等。链路状态路由协议不存在路由环路问题，且收敛时间短。

三、RIP 动态路由协议

RIP（Routing Information Protocol，路由信息协议）是应用较早、使用较普遍的内部网关协议，适用于中小型网络，是典型的距离矢量（distance-vector）协议。RIP 使用 UDP 协议 520 端口发送路由信息。RIP 分为 RIPv1 和 RIPv2 两个版本，RIPv1 采用广播方式发送报文，RIPv2 采用组播方式发送报文，组播地址是 224.0.0.9。RIP 默认管理距离值为 120。

RIP 路由表中的每一项都包含了最终目的地址、到目的节点的路径中的下一跳节点等信息。下一跳指的是本网上的报文想通过本网络节点到达目的节点，如不能直接送达，则本节点应把此报文送到某个中转站点，此中转站点称为下一跳，这一中转过程叫"跳"（hop）。距离也称为"跳数"（hop count），每经过一个路由器，跳数就加 1。RIP 协议是以跳数来衡量路径开销，衡量路径优劣的跳数不能超过 15 跳，16 跳标志为目的网络不可达。

四、计时器

RIP 在构造路由表时会使用到 3 种计时器：路由更新时间（Update）、路由无效时间（Invalid）、路由清除时间（Flush）。

- 路由更新时间（Update）：默认值为 30 秒，定义设备发送更新报文的周期。默认情况下每 30 秒发送一次路由更新报文。
- 路由无效时间（Invalid）：默认值为 180 秒，定义路由表中路由因没有更新而变为无效的时间。路由器每接收一个更新报文就自动复位。Invalid 时间至少为 Update 时间的 3 倍。
- 路由清除时间（Flush）：默认值为 120 秒，定义路由表路由从 Invalid 状态到被清除的时间。路由器每接收一个更新报文就自动复位。从 RIP 路由进入 Invalid 状态开始计时，到达 Flush 时路由表中的该跳路由将被清除。默认情况下，一条 RIP 路由从进入到路由表到被清除的时间为 180 秒+120 秒=300 秒。

RIP 协议每隔 30 秒定期向外发送一次更新报文。如果路由器经过 180 秒没有收到来自某一路由器的路由更新报文，则将所有来自此路由器的路由信息标志为不可达，若在其后 120 秒内仍未收到更新报文，就将这些路由从路由表中删除。

五、调整 RIP 时钟的命令

调整上述时间可以缩短 RIP 路由协议的收敛时间及故障恢复时间。在同一个网络中所有设备的 RIP 时钟要一致，调整 RIP 时钟的命令格式如下：

```
ruijie(config-router)#timers basic   update   invalid   flush
```

其中，update 表示路由更新时间，invalid 表示路由无效时间，flush 表示路由清除时间。使用 no timers basic 命令可以恢复默认值。

RIP 路由更新报文每 10 秒更新一次，如果 30 秒内还没有收到更新报文，相应的路由将变为无效路由并进入 Invalid 状态；该路由进入 Invalid 状态后，再超过 20 秒将被清除。

```
ruijie(config)router rip
ruijie(config-router)#timers basic 10 30 20
ruijie(config-router)#
```

六、RIP 的工作过程

在 RIP 网络中，所有启用了 RIP 路由协议的路由器接口将周期性地发送包含全部路由信息在内的更新报文。这个周期性发送更新报文的时间由更新计时器（Update Timer）控制，更新计时器默认时间为 30 秒。RIP 的工作过程如图 5-4 至图 5-7 所示。

（1）路由器 R1 初始化后发送路由更新报文。每台路由器的路由表在初始化后只有自己的直连路由。如图 5-4 所示，当路由器 R1 的更新时间超时之后（更新时间到达时），路由器 R1 向外广播自己的路由表，此时 R1 发出的路由更新信息中只有直连路由。在发送前，其跳数在路由器中记录的跳数基础上加 1，也就是到达网络 1.0.0.0/8 和 2.0.0.0/8 的跳数为 1。

图 5-4　R1 发送更新报文

（2）路由器 R2 从 R1 学习路由后发送路由更新报文。路由器 R2 将收到这个更新报文，把到达目标网络 1.0.0.0/8 的路由添加到自己的路由表中，跳数为 1，下一跳地址为发送更新路由器接口地址，如 2.0.0.0。然后，当路由器 R2 更新计时器也到达了更新时间时，它同样会将自己的路由表向路由器 R1 和 R3 广播，如图 5-5 所示。此时，路由器 R2 的路由更新报文不仅仅包含直连路由，还包含刚刚学习来的 RIP 动态路由（1.0.0.0/8）。同理，在发送前，其跳数仍然是在路由表中记录的跳数基础上加 1，因此，到达目标网络 2.0.0.0/8 和 3.0.0.0/8 的跳数为 1，而到达目标网络 1.0.0.0/8 的跳数为 2。

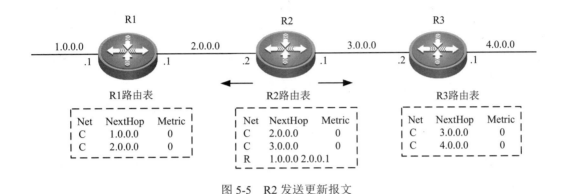

图 5-5　R2 发送更新报文

（3）路由器 R3 从 R2 学习路由后发送路由更新报文。路由器 R3 收到路由更新报文后，同样会将到达目标网络 1.0.0.0/8 和 2.0.0.0/8 的路由添加到自己的路由表中，跳数分别是 2 和 1，下一跳地址为发送更新路由器接口地址，如 3.0.0.0。

当路由器 R3 的更新计时器超时后，它的广播更新报文将被路由器 R2 收到。如图 5-6 所示，更新报文中到达目标网络 3.0.0.0/8 和 4.0.0.0/8 的跳数为 1，到达目标网络 2.0.0.0/8 的跳数为 2，到达目标网络 1.0.0.0/8 的跳数为 3，下一跳地址为发送更新路由器接口地址，如 2.0.0.2。

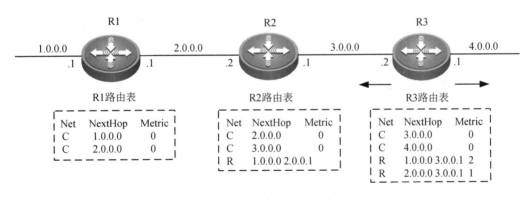

图 5-6　R3 发送更新报文

（4）全部路由器最后都学习到其他网络路由信息。当路由器 R2 收到这个更新报文后，比较后会将 4.0.0.0/8 路由添加到自己的路由表中，并在更新周期到达后广播给 R1 和 R3。R1 会学到达目标网络 4.0.0.0/8 的路由，跳数为 2。

（5）最终 R1、R2 和 R3 的路由表中都有所有网络的路由，这个 RIP 网络达到稳定状态，收敛过程完毕，如图 5-7 所示。

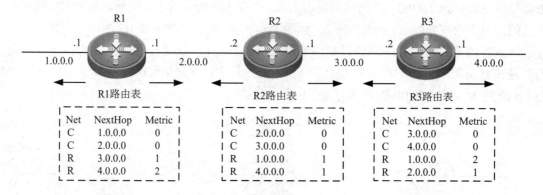

图 5-7 路由器最终的路由表

七、配置 RIP 的相关命令

配置 RIP 路由协议分为创建 RIP 路由进程、定义直连网络、定义 RIP 版本、关闭路由自动汇总功能等操作。

（1）创建 RIP 路由进程。在配置 RIP 过程中，首先需要创建或进入 RIP 进程，然后在 RIP 配置模式下进行相关配置。命令格式如下：

ruijie(config)#router   rip

no router rip 命令删除 RIP 进程，如 ruijie(config)#no router rip。

例如创建 RIP 路由进程的命令如下：

ruijie(config)#router rip
ruijie(config-router)#

（2）定义直连网络。创建 RIP 进程后，需要定义直连网络。直连网络实际上就是一个网络范围，路由器只向外通告在此范围内的路由信息，并且只从此范围内的网络接口向外发布更新报文。定义直连网络的命令格式如下：

ruijie(config-router)#network   network-number

其中，network-number 为直连网络的网络号，如 172.16.1.0。用 no 命令可以删除已定义的网络。

定义 RIP 路由进程直连网络 172.16.1.0 和 172.16.2.0，命令如下：

ruijie(config)#router rip
ruijie(config-router)#network 172.16.1.0
ruijie(config-router)#network 172.16.2.0
ruijie(config-router)#

删除 RIP 路由进程直连网络 172.16.1.0，命令如下：

ruijie(config-router)#no   network   172.16.1.0

【任务实施】

实训设备：2 台路由器。

网络拓扑结构图如图 5-8 所示。

RIP 路由协议配置

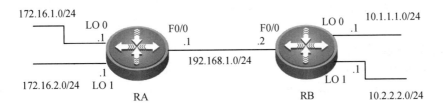

图 5-8　任务 3 的实训网络拓扑结构图

实验目的：掌握在路由器上配置 RIP 路由协议的方法。

注意事项：

①配置 RIP 的 Network 命令时只支持 A、B、C 的主网络号，如果写入子网则自动转为主网络号。

②no auto-summary 功能只有在 RIPv2 中支持。

步骤 1：配置路由器的名称和接口 IP 地址。

RA：

```
Router>en
Router#conf t
Enter configuration commands, one per line.    End with CNTL/Z.
Router(config)#hostname RA
RA(config)#int f0/0
RA(config-if)#ip add 192.168.1.1 255.255.255.0
RA(config-if)#no shutdown
RA(config-if)#int loopback 0
RA(config-if)#ip add 172.16.1.1 255.255.255.0
RA(config-if)#no shutdown
RA(config-if)#int loopback 1
RA(config-if)#ip add 172.16.2.1 255.255.255.0
RA(config-if)#no shutdown
```

RB：

```
Router>en
Router#conf        t
Enter configuration commands, one per line.    End with CNTL/Z.
Router(config)#hostname        RB
RB(config)#int    f0/0
RB(config-if)#ip   add 192.168.1.2 255.255.255.0
RB(config-if)#no shutdown
RB(config-if)#int loopback 0
RB(config-if)#ip add 10.1.1.1 255.255.255.0
RB(config-if)#no shutdown
RB(config-if)#int loopback 1
RB(config-if)#ip add 10.2.2.1 255.255.255.0
RB(config-if)#no shutdown
```

步骤 2：在两台路由器上配置 RIP 路由协议。

RA：

RA(config)#router rip
RA(config-router)#network 192.168.1.0
RA(config-router)#network 172.16.1.0
RA(config-router)#network 172.16.2.0

RB：

RB(config)#router rip
RB(config-router)#network 192.168.1.0
RB(config-router)#network 10.1.1.0
RB(config-router)#network 10.2.2.0

步骤 3：查看路由表和 RIP 配置信息。

RA：

RA#sh ip route
Codes: C - connected, S - static, I - IGRP, R - RIP, M - mobile, B - BGP
       D - EIGRP, EX - EIGRP external, O - OSPF, IA - OSPF inter area
       N1 - OSPF NSSA external type 1, N2 - OSPF NSSA external type 2
       E1 - OSPF external type 1, E2 - OSPF external type 2, E - EGP
       i - IS-IS, L1 - IS-IS level-1, L2 - IS-IS level-2, ia - IS-IS inter area
       * - candidate default, U - per-user static route, o - ODR
       P - periodic downloaded static route

Gateway of last resort is not set

R   10.0.0.0/8 [120/1] via 192.168.1.2, 00:00:13, FastEthernet0/0
      172.16.0.0/24 is subnetted, 2 subnets
C   172.16.1.0 is directly connected, Loopback0
C   172.16.2.0 is directly connected, Loopback1
C   192.168.1.0/24 is directly connected, FastEthernet0/0

RA#sh ip rip database
10.0.0.0/8   auto-summary
10.0.0.0/8
    [1] via 192.168.1.2, 00:00:21, FastEthernet0/0
172.16.1.0/24   auto-summary
172.16.1.0/24   directly connected, Loopback0
172.16.2.0/24   auto-summary
172.16.2.0/24   directly connected, Loopback1
192.168.1.0/24   auto-summary
192.168.1.0/24   directly connected, FastEthernet0/0

RB：

RB#sh ip route
Codes: C - connected, S - static, I - IGRP, R - RIP, M - mobile, B - BGP
       D - EIGRP, EX - EIGRP external, O - OSPF, IA - OSPF inter area
       N1 - OSPF NSSA external type 1, N2 - OSPF NSSA external type 2

```
        E1 - OSPF external type 1, E2 - OSPF external type 2, E - EGP
        i - IS-IS, L1 - IS-IS level-1, L2 - IS-IS level-2, ia - IS-IS inter area
        * - candidate default, U - per-user static route, o - ODR
        P - periodic downloaded static route

Gateway of last resort is not set

        10.0.0.0/24 is subnetted, 2 subnets
C        10.1.1.0 is directly connected, Loopback0
C        10.2.2.0 is directly connected, Loopback1
R        172.16.0.0/16 [120/1] via 192.168.1.1, 00:00:07, FastEthernet0/0
C        192.168.1.0/24 is directly connected, FastEthernet0/0
```

```
RB#sh ip rip database
10.1.1.0/24      auto-summary
10.1.1.0/24      directly connected, Loopback0
10.2.2.0/24      auto-summary
10.2.2.0/24      directly connected, Loopback1
172.16.0.0/16     auto-summary
172.16.0.0/16
    [1] via 192.168.1.1, 00:00:13, FastEthernet0/0
192.168.1.0/24     auto-summary
192.168.1.0/24     directly connected, FastEthernet0/0
```

步骤 4：测试网络的连通性。

RA：

```
RA#ping 10.1.1.1
Type escape sequence to abort.
Sending 5, 100-byte ICMP Echos to 10.1.1.1, timeout is 2 seconds:
!!!!!
Success rate is 100 percent (5/5), round-trip min/avg/max = 0/0/0 ms


RA#ping 10.2.2.1
Type escape sequence to abort.
Sending 5, 100-byte ICMP Echos to 10.2.2.1, timeout is 2 seconds:
!!!!!
Success rate is 100 percent (5/5), round-trip min/avg/max = 0/6/32 ms
```

RB：

```
RB#ping 172.16.1.1
Type escape sequence to abort.
Sending 5, 100-byte ICMP Echos to 172.16.1.1, timeout is 2 seconds:
!!!!!
Success rate is 100 percent (5/5), round-trip min/avg/max = 0/0/0 ms


RB#ping 172.16.2.1
Type escape sequence to abort.
```

Sending 5, 100-byte ICMP Echos to 172.16.2.1, timeout is 2 seconds:

!!!!!

Success rate is 100 percent (5/5), round-trip min/avg/max = 0/0/0 ms

【任务小结】

1．启动 RIP 路由，指出所有直连网段：

RouterA(config)#router rip

RouterA(config-router)#network 192.168.1.0

RouterA(config-router)#network 172.16.1.0

RouterA(config-router)#network 172.16.2.0

RouterB(config)#router rip

RouterB(config-router)#network 192.168.1.0

RouterB(config-router)#network 10.0.0.0

2．跟静态路由协议命令对比：

RouterA(config)#ip route 10.1.1.0 255.255.255.0 192.168.1.2

RouterA(config)#ip route 10.2.2.0 255.255.255.0 s4/0

任务 4　RIPv2 配置

【用户需求与分析】

假设校园网分为两个区域，每个区域内使用一台路由器连接两个子网，需要将两台路由器通过以太网链路连接在一起并进行适当的配置，以实现这 4 个子网之间的互连互通。计划使用 RIP 路由协议实现子网之间的互通。

根据需求，两台路由器通过快速以太网口连接在一起，并在每个路由器上设置两个 loopback 端口模拟子网，在所有端口上运行 RIP 路由协议。

【预备知识】

一、RIPv2 与 RIPv1 的区别

RIP 使用 UDP 报文交换路由信息，UDP 端口号为 520。RIP 分为 RIPv1 和 RIPv2 两个版本，它们之间的区别主要有以下几个方面：

- RIPv1 是有类（IP 地址对应的掩码属于 A、B、C、D 类格式）路由协议，RIPv2 是无类（IP 地址对应的掩码不属于 A、B、C、D 类格式）路由协议。
- RIPv1 不支持 VLSM，RIPv2 可以支持 VLSM。
- RIPv1 没有认证的功能，RIPv2 可以支持认证，并且有明文和 MD5 两种认证。
- RIPv1 没有手工汇总的功能，RIPv2 可以在关闭自动汇总的前提下进行手工汇总。
- RIPv1 是广播更新，更新周期为 30 秒，RIPv2 是组播更新，组播地址为 224.0.0.9。
- RIPv1 对路由没有标记的功能，RIPv2 可以对路由打标记（tag），用于过滤和做策略。

- RIPv1 发送的 updata 最多可以携带 25 条路由条目，RIPv2 在有认证的情况下最多只能携带 24 条路由条目。
- RIPv1 发送的 updata 包里面没有 next-hop 属性，RIPv2 有 next-hop 属性，可以用于路由更新的重定。

二、RIPv2 的配置命令

（1）定义 RIP 版本。RIP 有两个版本：RIPv1 和 RIPv2。定义 RIP 版本的命令格式如下：

```
ruijig(config-router)#version {1|2}
```

例如将 RIP 路由进程使用的版本设置为 RIPv2。

```
ruijie(config)#router rip
ruijie(config-router)#version 2
```

提示：no version 命令恢复 RIP 路由进程为默认版本。

（2）关闭自动汇总。RIP 路由自动汇总功能是指当子网路由穿越有类网络边界时，将自动汇总成有类路由。如 172.16.30.0 和 172.16.40.0 是自然有类网络 172.16.0.0 的两个子网，当没有关闭路由自动汇总功能时，这两个子网都将汇总成 172.16.0.0 网络，在用 show ip route 命令查看路由表信息时看不到 172.16.30.0 和 172.16.40.0 子网路由信息。

默认情况下，RIPv2 将进行路由自动汇总，RIPv1 不支持关闭路由自动汇总。有时为了能看到子网路由信息，需要手工关闭 RIPv2 的路由自动汇总功能。关闭路由自动汇总功能的命令格式如下：

```
ruijie(config-router)#no auto-summary
```

例如关闭 RIPv2 的路由自动汇总功能，命令如下：

```
ruijie(config)#router rip
ruijie(config-router)#version 2
ruijie(config-router)#no auto-summary
```

例如关闭后再打开 RIPv2 的路由自动汇总功能，命令如下：

```
ruijie(config)#router rip
ruijie(config-router)#version 2
ruijie(config-router)#auto-summary
```

（3）验证 RIP 的配置。

```
router#show ip protocols
```

（4）清除 IP 路由表的信息。

```
router#clear ip route
```

（5）显示路由表的信息。

```
router#show ip route
```

（6）观察 RIP 路由信息数据库。

```
RouterA#show ip rip
RouterA#show ip rip database
RouterA#show ip interface brief
```

（7）使用 debug 命令进行排错的作用（非常消耗路由器资源），如下：

- 监视内部过程（例如 RIP 发送和接收的更新）。

● 当某些进程发生一些事件后，产生日志信息。

● 持续产生日志信息，直到用 no debug 命令关闭，比如 no debug ip rip 或 no debug all。

【任务实施】

实训设备：2 台路由器。

网络拓扑结构图如图 5-9 所示。

RIPv2（未接计算机）

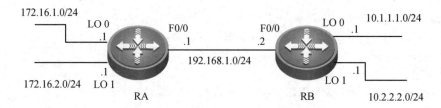

图 5-9 任务 4 的实训网络拓扑结构图

实训目的：理解 RIP 两个版本之间的区别，掌握如何配置 RIPv2。

步骤 1：配置路由器的名称和接口 IP 地址。

RA：

```
Router>en
Router#conf t
Enter configuration commands, one per line.    End with CNTL/Z.
Router(config)#hostname RA
RA(config)#int f0/0
RA(config-if)#ip add 192.168.1.1 255.255.255.0
RA(config-if)#no shutdown
RA(config-if)#int loopback 0
RA(config-if)#ip add 172.16.1.1 255.255.255.0
RA(config-if)#no shutdown
RA(config-if)#int loopback 1
RA(config-if)#ip add 172.16.2.1 255.255.255.0
RA(config-if)#no shutdown
```

RB：

```
Router>en
Router#conf t
Enter configuration commands, one per line.    End with CNTL/Z.
Router(config)#hostname RB
RB(config)#int f0/0
RB(config-if)#ip add 192.168.1.2 255.255.255.0
RB(config-if)#no shutdown
RB(config-if)#int loopback 0
RB(config-if)#ip add 10.1.1.1 255.255.255.0
RB(config-if)#no shutdown
RB(config-if)#int loopback 1
```

```
RB(config-if)#ip add 10.2.2.1 255.255.255.0
RB(config-if)#no shutdown
```

步骤 2：在两台路由器上配置 RIPv2 路由协议，但不关闭自动汇总。

RA：

```
RA(config)#router rip
RA(config-router)#network 192.168.1.0
RA(config-router)#network 172.16.1.0
RA(config-router)#network 172.16.2.0
RA(config-router)#version 2
```

RB：

```
RB(config)#router rip
RB(config-router)#network 192.168.1.0
RB(config-router)#network 10.1.1.0
RB(config-router)#network 10.2.2.0
RB(config-router)#version 2
```

步骤 3：查看路由表。

由下表可知，依然只有 B 类主网络 172.16.0.0/16 和 A 类主网络 10.0.0.0/8 出现在路由表中。虽然 RIPv2 支持 VLSM，但 RA 和 RB 都是边界路由器，分别是 B 类主网络 172.16.0.0/16 和 C 类主网络 192.168.1.0/24 的边界、A 类主网络 10.0.0.0/8 和 C 类主网络 192.168.1.0/24 的边界，因此执行路由自动汇总。

RA：

```
RA#sh ip route
Codes: C - connected, S - static, I - IGRP, R - RIP, M - mobile, B - BGP
       D - EIGRP, EX - EIGRP external, O - OSPF, IA - OSPF inter area
       N1 - OSPF NSSA external type 1, N2 - OSPF NSSA external type 2
       E1 - OSPF external type 1, E2 - OSPF external type 2, E - EGP
       i - IS-IS, L1 - IS-IS level-1, L2 - IS-IS level-2, ia - IS-IS inter area
       * - candidate default, U - per-user static route, o - ODR
       P - periodic downloaded static route

Gateway of last resort is not set

R    10.0.0.0/8 [120/1] via 192.168.1.2, 00:00:10, FastEthernet0/0
     172.16.0.0/24 is subnetted, 2 subnets
C        172.16.1.0 is directly connected, Loopback0
C        172.16.2.0 is directly connected, Loopback1
C    192.168.1.0/24 is directly connected, FastEthernet0/0
```

RB：

```
RB#sh ip route
Codes: C - connected, S - static, I - IGRP, R - RIP, M - mobile, B - BGP
       D - EIGRP, EX - EIGRP external, O - OSPF, IA - OSPF inter area
       N1 - OSPF NSSA external type 1, N2 - OSPF NSSA external type 2
       E1 - OSPF external type 1, E2 - OSPF external type 2, E - EGP
```

       i - IS-IS, L1 - IS-IS level-1, L2 - IS-IS level-2, ia - IS-IS inter area

       * - candidate default, U - per-user static route, o - ODR

       P - periodic downloaded static route

Gateway of last resort is not set

     10.0.0.0/24 is subnetted, 2 subnets

C   10.1.1.0 is directly connected, Loopback0

C   10.2.2.0 is directly connected, Loopback1

R   172.16.0.0/16 [120/1] via 192.168.1.1, 00:00:10, FastEthernet0/0

C   192.168.1.0/24 is directly connected, FastEthernet0/0

步骤 4：关闭自动汇总。

RA：

```
RA(config)#router rip
RA(config-router)#no auto-summary
```

RB：

```
RB(config)#router rip
RB(config-router)#no auto-summary
```

步骤 5：再次看路由表。

RA：可见 10.0.0.0/24 网段已经可以显示。

```
RA#show ip route
Codes: C - connected, S - static, I - IGRP, R - RIP, M - mobile, B - BGP
       D - EIGRP, EX - EIGRP external, O - OSPF, IA - OSPF inter area
       N1 - OSPF NSSA external type 1, N2 - OSPF NSSA external type 2
       E1 - OSPF external type 1, E2 - OSPF external type 2, E - EGP
       i - IS-IS, L1 - IS-IS level-1, L2 - IS-IS level-2, ia - IS-IS inter area
       * - candidate default, U - per-user static route, o - ODR
       P - periodic downloaded static route
Gateway of last resort is not set
     10.0.0.0/8 is variably subnetted, 3 subnets, 2 masks
R       10.0.0.0/8 [120/1] via 192.168.1.2, 00:01:44, FastEthernet0/0
R       10.1.1.0/24 [120/1] via 192.168.1.2, 00:00:23, FastEthernet0/0
R       10.2.2.0/24 [120/1] via 192.168.1.2, 00:00:23, FastEthernet0/0
     172.16.0.0/24 is subnetted, 2 subnets
C       172.16.1.0 is directly connected, Loopback0
C       172.16.2.0 is directly connected, Loopback1
C     192.168.1.0/24 is directly connected, FastEthernet0/0
```

RB：

```
RB#show ip route
Codes: C - connected, S - static, I - IGRP, R - RIP, M - mobile, B - BGP
       D - EIGRP, EX - EIGRP external, O - OSPF, IA - OSPF inter area
       N1 - OSPF NSSA external type 1, N2 - OSPF NSSA external type 2
       E1 - OSPF external type 1, E2 - OSPF external type 2, E - EGP
       i - IS-IS, L1 - IS-IS level-1, L2 - IS-IS level-2, ia - IS-IS inter area
```

项目 5

```
              * - candidate default, U - per-user static route, o - ODR
              P - periodic downloaded static route
Gateway of last resort is not set
       10.0.0.0/24 is subnetted, 2 subnets
C       10.1.1.0 is directly connected, Loopback0
C       10.2.2.0 is directly connected, Loopback1
       172.16.0.0/16 is variably subnetted, 3 subnets, 2 masks
R     172.16.0.0/16 is possibly down, routing via 192.168.1.1, FastEthernet0/0
R       172.16.1.0/24 [120/1] via 192.168.1.1, 00:00:18, FastEthernet0/0
R       172.16.2.0/24 [120/1] via 192.168.1.1, 00:00:18, FastEthernet0/0
C       192.168.1.0/24 is directly connected, FastEthernet0/0
```

【任务小结】

1．配置 RIP 的 Network 命令只支持 A、B、C 的主网络号，如果写入子网则自动转为主网络号。

2．no auto-summary 功能只有在 RIPv2 中支持。

3．如果配置 No auto-summary 命令后立即查看路由表，除了能看到子网的路由条目外，还可以看到原本主网络号的路由条目，该主网络的路由条目将在无效计时器、刷新计时器超时后被清除。

任务 5　OSPF 基本配置

【用户需求与分析】

假设校园网通过一台三层交换机连到校园网的出口路由器上，路由器再和校园外的另一台路由器连接，现在要进行适当配置，实现校园网内部主机与校园网外部主机的相互通信。

根据需求，三层交换机上划分有 VLAN10 和 VLAN50，其中 VLAN10 用于连接 RA，VLAN50 用于连接校园网主机。需要在路由器和交换机上配置 OSPF 路由协议，使全网互通，从而实现信息的共享和传递。

【预备知识】

一、什么是 OSPF

OSPF（Open Shortest Path First，开放式最短路径优先）协议是目前网络中应用最广泛的路由协议之一，属于内部网关路由协议，能够适应各种规模的网络环境，是典型的链路状态（link-state）协议。

OSPF 路由协议通过向全网扩散本设备的链路状态信息，使网络中的每台设备最终同步于一个具有全网链路状态的数据库（LSDB），然后路由器采用 SPF 算法，以自己为根，计算到达其他网络的最短路径，最终形成全网路由信息。

OSPF 属于无类路由协议，支持 VLSM（变长子网掩码）。OSPF 是以组播的形式进行链路状态通告的。

二、OSPF 区域概念

OSPF 提出了"区域（Area）"的概念，一个网络可以由单一区域或多个区域组成。在大模型的网络环境中，OSPF 支持区域的划分，将网络进行合理的地址规划。OSPF 区域分为非骨干区域和骨干区域两大类，划分区域时必须存在 Area 0（骨干区域），该区域是整个 OSPF 网络的核心区域，并且所有其他的区域都与之直接连接。骨干区域的功能是在不同的非骨干区域之间分发路由信息。

区域是从逻辑上将路由器划分为不同的组，每个组用区域号（Area ID）来标识，一个路由器可以属于不同的区域，但是一个网段（链路）只能属于一个区域，或者说每个运行 OSPF 的接口必须指明属于哪一个区域。OSPF 划分区域如图 5-10 所示。

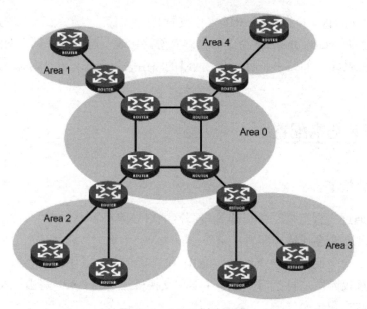

图 5-10　OSPF 划分区域

三、OSPF 协议的工作过程

OSPF 协议的工作过程经过以下 3 个操作步骤：

第 1 步：建立链路状态数据库（Link-State Database，LSDB）。

当网络拓扑发生变化后，检测到链路状态变化的路由器将产生链路状态通告（Link-State Advertisement，LSA），并通过组播地址将 LSA 发送给所有的邻居路由器。接收到 LSA 的每台路由器都复制一份 LSA，更新自己的链路状态数据库，然后再将 LSA 转发给其他的邻居。

第 2 步：计算 SPF（Shortest Path First）树。

通过执行 SPF 算法，获得以本路由器为根到达所有其他项目的网络的所有路径，形成一个 SPF 树。

第 3 步：产生路由表。

在 SPF 树中，比较到达每个目的网络的所有路径，选出最佳路径，产生路由表。

OSPF 协议根据网络的工作状况，经过建立 LSDB、计算 SPF 树、产生路由表等过程，能够快速地建立路由表。

四、TTL 值

TTL（Time To Live，生存时间）指数据包被路由器丢弃之前允许通过的网段数量。TTL 是 IPv4 包头的一个 8 bit 字段，作用是限制 IP 数据包在计算机网络中存在的时间。

TTL 的主要作用是避免 IP 包在网络中的无限循环和收发，节省了网络资源，并能使 IP 包的发送者收到告警消息。TTL 是由发送主机设置的，以防止数据包不断在 IP 互联网络上永不终止地循环。转发 IP 数据包时，要求路由器至少将 TTL 减小 1。如果减到 0 了还是没有传送到目的主机，那么就自动丢掉。

TTL 值与系统类型有关，TTL 的最大值是 255，默认情况下，路由器发出的 TTL 值是 255，Windows 7 系统发出的 TTL 值是 128，Linux 系统发出的 TTL 值是 64。

五、管理距离（AD）

管理距离（AD）是指一种路由协议的路由可信度。每一种路由协议按可靠性从高到低依次分配一个信任等级，这个信任等级就叫管理距离。

对于两种不同的路由协议到一个目的地的路由信息，路由器首先根据管理距离决定相信哪一个协议。

AD 值越低，优先级越高，越值得信赖。一个管理距离是一个 0~255 的整数值，0 是最可信赖的，255 则意味着不会有业务量通过这个路由。路由源与 AD 值的对应关系如表 5-1 所示。

表 5-1　路由源与 AD 值的对应关系

路由源	AD
直连接口	0
静态路由	1
EIGRP	90
IGRP	100
OSPF	110
RI	120
外部 EIGRP	170
未知	255

六、配置 OSPF 的相关命令

配置 OSPF 路由协议有以下两个步骤：

第 1 步：创建 OSPF 路由进程。配置 OSPF 动态路由协议，首先需要创建或进入 OSPF 进程，然后在 OSPF 配置模式下进行相关配置。创建或进入 OSPF 进程的命令格式如下：

Ruijie(config)#router ospf   process-id

process-id 为定义 OSPF 路由进程号，取值范围为 1～65535。

删除一个已定义的进程，命令如下：

Ruijie(config)#no router ospf   process-id

例如删除已创建的 OSPF 路由进程 20，命令如下：

Ruijie(config)#no router ospf 20

第 2 步：定义关联网络及所属区域。

Ruijie(config-router)#network   ip-address wildcard   area   area-id

其中 ip-address 为端口对应的网段，wildcard 为网段的子网掩码反码，area-id 为 OSPF 区域标识。

删除端口 OSPF 区域定义，命令如下：

Ruijie(config-router)#no network   ip-address wildcard   area   area-id

例如删除已创建的 OSPF 区域 1，命令如下：

Ruijie(config-router)   #no network 192.168.10.0 0.0.0.255 area 1

【任务实施】

实训设备：1 台三层交换机、2 台路由器、3 台计算机。

网络拓扑结构图如图 5-11 所示。

OSPF 基本配置

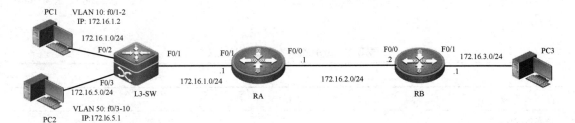

图 5-11　任务 5 的实训网络拓扑结构图

实训目的：掌握如何在路由器和交换机上配置 OSPF 路由协议，连通网络。

步骤 1：配置设备名称和接口 IP 地址并划分 VLAN。

L3-SW：

```
Switch>
Switch>en
Switch#conf t
Enter configuration commands, one per line.    End with CNTL/Z.
```

```
Switch(config)#hostname L3-SW
L3-SW (config)#vlan 10
L3-SW(config-vlan)#vlan 50
!划分 vlan10 和 vlan50
L3-SW(config-vlan)#exit
L3-SW(config)#int range f0/1-2
L3-SW(config-if)#switchport access vlan 10
L3-SW(config-if)#int range f0/3-10
L3-SW(config-if)#switchport access vlan 50
!将相应端口分别划入相应的 vlan 中
L3-SW(config-if)#exit
L3-SW(config)#interfac vlan 10
L3-SW(config-if)#
!进入 vlan10 配置模式
L3-SW(config-if)#ip add 172.16.1.2 255.255.255.0
!为 vlan10 配置 IP 地址
L3-SW(config-if)#no shutdown
L3-SW(config-if)#interface vlan 50
L3-SW(config-if)#ip add 172.16.5.1 255.255.255.0
!为 vlan50 配置 IP 地址
L3-SW(config-if)#no shutdown
```

RA：

```
Router>
Router>en
Router#conf t
Enter configuration commands, one per line.   End with CNTL/Z.
Router(config)#hostname RA
RA(config)#int f0/1
RA(config-if)#ip add 172.16.1.1 255.255.255.0
RA(config-if)#no shutdown
RA(config-if)#int f0/0
RA(config-if)#ip add 172.16.2.1 255.255.255.0
RA(config-if)#no shutdown
```

RB：

```
Router>en
Router#conf t
Enter configuration commands, one per line.   End with CNTL/Z.
Router(config)#hostname RB
RB(config)#int f0/0
RB(config-if)#ip add 172.16.2.2 255.255.255.0
RB(config-if)#no shutdown
RB(config-if)#int f0/1
RB(config-if)#ip add 172.16.3.1 255.255.255.0
RB(config-if)#no shutdown
```

步骤 2：配置 OSPF 路由协议。

L3-SW：

```
L3-SW(config)#ip routing
!开启三层交换机的路由功能，默认已开启
L3-SW (config)#router ospf 10
L3-SW (config-router)#network 172.16.5.0 0.0.0.255 area 0
L3-SW (config-router)#network 172.16.1.0 0.0.0.255 area 0
!声明所有直连网段
```

RA：

```
RA(config)#router ospf 10
RA(config-router)#net 172.16.1.0 0.0.0.255 area 0
RA(config-router)#net 172.16.2.0 0.0.0.255 area 0
```

RB：

```
RB(config)#router ospf 10
RB(config-router)#net 172.16.2.0 0.0.0.255 area 0
RB(config-router)#net 172.16.3.0 0.0.0.255 area 0
```

步骤 3：验证测试。3 台计算机的 IP 地址设置如下：

PC1：IP 地址 172.16.1.3，网关 172.16.1.2，子网掩码 255.255.255.0。

PC2：IP 地址 172.16.5.1，网关 172.16.5.1，子网掩码 255.255.255.0。

PC3：IP 地址 172.16.3.2，网关 172.16.3.1，子网掩码 255.255.255.0。

PC1 ping PC3：

```
PC>ping 172.16.3.2
Pinging 172.16.3.2 with 32 bytes of data:
Reply from 172.16.3.2: bytes=32 time=0ms TTL=126
Reply from 172.16.3.2: bytes=32 time=0ms TTL=126
Reply from 172.16.3.2: bytes=32 time=0ms TTL=126
Reply from 172.16.3.2: bytes=32 time=0ms TTL=126
Ping statistics for 172.16.3.2:
    Packets: Sent = 4, Received = 4, Lost = 0 (0% loss),
Approximate round trip times in milli-seconds:
    Minimum = 0ms, Maximum = 0ms, Average = 0ms
```

PC2 ping PC3：

```
PC>ping 172.16.3.2
Pinging 172.16.3.2 with 32 bytes of data:
Reply from 172.16.3.2: bytes=32 time=1ms TTL=125
Reply from 172.16.3.2: bytes=32 time=0ms TTL=125
Reply from 172.16.3.2: bytes=32 time=0ms TTL=125
Reply from 172.16.3.2: bytes=32 time=0ms TTL=125
Ping statistics for 172.16.3.2:
    Packets: Sent = 4, Received = 4, Lost = 0 (0% loss),
Approximate round trip times in milli-seconds:
    Minimum = 0ms, Maximum = 1ms, Average = 0ms
```

PC1 ping PC2：

```
PC>ping 172.16.5.2
Pinging 172.16.5.2 with 32 bytes of data:
Reply from 172.16.5.2: bytes=32 time=1ms TTL=127
Reply from 172.16.5.2: bytes=32 time=0ms TTL=127
Reply from 172.16.5.2: bytes=32 time=0ms TTL=127
Reply from 172.16.5.2: bytes=32 time=0ms TTL=127
Ping statistics for 172.16.5.2:
    Packets: Sent = 4, Received = 4, Lost = 0 (0% loss),
Approximate round trip times in milli-seconds:
Minimum = 0ms, Maximum = 1ms, Average = 0ms
```

这里请注意 3 次互 ping 结果中 TTL 值的变化。

```
L3-SW#show ip route
Codes: C - connected, S - static, I - IGRP, R - RIP, M - mobile, B - BGP
       D - EIGRP, EX - EIGRP external, O - OSPF, IA - OSPF inter area
       N1 - OSPF NSSA external type 1, N2 - OSPF NSSA external type 2
       E1 - OSPF external type 1, E2 - OSPF external type 2, E - EGP
       i - IS-IS, L1 - IS-IS level-1, L2 - IS-IS level-2, ia - IS-IS inter area
       * - candidate default, U - per-user static route, o - ODR
       P - periodic downloaded static route


Gateway of last resort is not set

     172.16.0.0/24 is subnetted, 4 subnets
C       172.16.1.0 is directly connected, Vlan10
O       172.16.2.0 [110/2] via 172.16.1.1, 00:06:44, Vlan10
O       172.16.3.0 [110/3] via 172.16.1.1, 00:06:44, Vlan10
C       172.16.5.0 is directly connected, Vlan50
```

RA：

```
RA#show    ip interface brief
Interface       IP-Address      OK? Method Status            Protocol
FastEthernet0/0   172.16.2.1    YES manual up                up
FastEthernet0/1   172.16.1.1    YES manual up                up
RA#show ip route
Codes: C - connected, S - static, I - IGRP, R - RIP, M - mobile, B - BGP
       D - EIGRP, EX - EIGRP external, O - OSPF, IA - OSPF inter area
       N1 - OSPF NSSA external type 1, N2 - OSPF NSSA external type 2
       E1 - OSPF external type 1, E2 - OSPF external type 2, E - EGP
       i - IS-IS, L1 - IS-IS level-1, L2 - IS-IS level-2, ia - IS-IS inter area
       * - candidate default, U - per-user static route, o - ODR
       P - periodic downloaded static route


Gateway of last resort is not set

     172.16.0.0/24 is subnetted, 4 subnets
C       172.16.1.0 is directly connected, FastEthernet0/1
```

```
C        172.16.2.0 is directly connected, FastEthernet0/0
O        172.16.3.0 [110/2] via 172.16.2.2, 01:02:55, FastEthernet0/0
O        172.16.5.0 [110/2] via 172.16.1.2, 00:10:17, FastEthernet0/1


RA#show ip ospf neighbor
Neighbor ID     Pri    State      Dead Time    Address          Interface
172.16.3.1      1      FULL/BDR   00:00:35     172.16.2.2       FastEthernet0/0
172.16.5.1      1      FULL/BDR   00:00:33     172.16.1.2       FastEthernet0/1
```

```
RA#show ip ospf interface f0/0
FastEthernet0/0 is up, line protocol is up
    Internet address is 172.16.2.1/24, Area 0
    Process ID 100, Router ID 172.16.2.1, Network Type BROADCAST, Cost: 1
    Transmit Delay is 1 sec, State DR, Priority 1
    Designated Router (ID) 172.16.2.1, Interface address 172.16.2.1
    Backup Designated Router (ID) 172.16.3.1, Interface address 172.16.2.2
    Timer intervals configured, Hello 10, Dead 40, Wait 40, Retransmit 5
        Hello due in 00:00:06
    Index 1/1, flood queue length 0
    Next 0x0(0)/0x0(0)
    Last flood scan length is 1, maximum is 1
    Last flood scan time is 0 msec, maximum is 0 msec
    Neighbor Count is 1, Adjacent neighbor count is 1
        Adjacent with neighbor 172.16.3.1    (Backup Designated Router)
    Suppress hello for 0 neighbor(s)
```

RB：

```
RB#show ip interface brief
Interface            IP-Address        OK? Method Status            Protocol
FastEthernet0/0      172.16.2.2        YES manual up               up
FastEthernet0/1      172.16.3.1        YES manual up               up
```

```
RB#show ip route
Codes: C - connected, S - static, I - IGRP, R - RIP, M - mobile, B - BGP
        D - EIGRP, EX - EIGRP external, O - OSPF, IA - OSPF inter area
        N1 - OSPF NSSA external type 1, N2 - OSPF NSSA external type 2
        E1 - OSPF external type 1, E2 - OSPF external type 2, E - EGP
        i - IS-IS, L1 - IS-IS level-1, L2 - IS-IS level-2, ia - IS-IS inter area
        * - candidate default, U - per-user static route, o - ODR
        P - periodic downloaded static route


Gateway of last resort is not set


        172.16.0.0/24 is subnetted, 4 subnets
O        172.16.1.0 [110/2] via 172.16.2.1, 00:12:49, FastEthernet0/0
C        172.16.2.0 is directly connected, FastEthernet0/0
C        172.16.3.0 is directly connected, FastEthernet0/1
O        172.16.5.0 [110/3] via 172.16.2.1, 00:12:39, FastEthernet0/0
```

【任务小结】

1．3 台计算机之间如果 ping 不通，首先自己检查以下几项：

- 每台计算机的 IP 地址是否正确、子网掩码是否是 3 个 255、网关是否正确、防火墙是否关闭。
- 接线有无错误，检查每个设备的命令用 show running-config。
- 3 个设备均要配置 OSPF，若使用模拟器配置，要在 OSPF 后加上一个进程号，如"1"。进程号范围为 1～65535。如 RA(config)#router ospf 10。

2．在声明直连网段时，注意要写该网段子网掩码的反码，反码是由 255.255.255.255 减去子网掩码得到的。

3．在声明直连网段时，必须指明所属的区域 Area 0。0 是骨干区域，非 0 是非骨干区域。

【拓展任务】

OSPF 单区域配置。

实训设备：3 台路由器、3 台计算机。

网络拓扑结构图如图 5-12 所示。

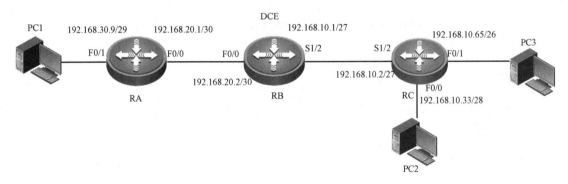

图 5-12　OSPF 单区域配置网络拓扑结构图

实训原理：在路由器上配置 OSPF 进程，所有的路由信息通过 OSPF 路由协议传递。

实验目的：配置 OSPF 单区域，实现简单的 OSPF 配置。

注意事项：

①各个网段子网掩码及反码的换算。

子网掩码反码的计算：

	255.	255.	255.	255
-	255.	255.	255.	248
=	0	0	0	7

②本任务拓扑图中接 PC 要用相应的接 PC 的真实以太网接口，如 f0/1 等。同时 3 台计算机的 IP 地址参考以下配置：

PC1：IP 为 192.168.30.10-14，网关为 192.168.30.9，子网掩码为 255.255.255.248。

PC2：IP 为 192.168.10.34，网关为 192.168.10.33，子网掩码为 255.255.255.240。

PC3：IP 为 192.168.10.66，网关为 192.168.10.65，子网掩码为 255.255.255.224。

③模拟器下不识别时，需要激活路由器或交换机的接口，重新输入一次 router ospf 10。

步骤 1：配置路由器的名称、接口 IP 地址、时钟频率。

RA：

```
Router>
Router>en
Router#conf t
Enter configuration commands, one per line.    End with CNTL/Z.
Router(config)#hostname RA
RA(config)#int f0/0
RA(config-if)#ip add 192.168.20.1 255.255.255.252
RA(config-if)#no shutdown
RA(config-if)#int f0/1
RA(config-if)#ip add 192.168.10.9 255.255.255.248
RA(config-if)#no shutdown
```

RB：

```
Router>en
Router#conf t
Enter configuration commands, one per line.    End with CNTL/Z.
Router(config)#hostname RB
RB(config)#int s1/2
RB(config-if)#clock rate 64000
RB(config-if)#ip add 192.168.10.1 255.255.255.224
RB(config-if)#no shutdown
RB(config-if)#int f0/0
RB(config-if)#ip add 192.168.20.2 255.255.255.252
RB(config-if)#no shutdown
```

RC：

```
Router>en
Router#conf t
Enter configuration commands, one per line.    End with CNTL/Z.
Router(config)#hostname RC
RC(config)#int s1/2
RC(config-if)#ip add 192.168.10.2 255.255.255.224
RC(config-if)#no shutdown
RC(config-if)#int f0/0
RC(config-if)#ip add 192.168.10.33 255.255.255.240
RC(config-if)#no shutdown
RC(config-if)#int f0/1
RC(config-if)#ip add 192.168.10.65 255.255.255.192
RC(config-if)#no shutdown
```

步骤 2：配置 OSPF。

RA：

```
RA(config)#router ospf 10
RA(config-router)#network 192.168.10.8 0.0.0.7 area 0
RA(config-router)#network 192.168.20.0 0.0.0.3 area 0
```

RB：

```
RB(config)#router ospf 10
RB(config-router)#network 192.168.20.0 0.0.0.3 area 0
RB(config-router)#network 192.168.10.0 0.0.0.31 area 0
```

RC：

```
RC(config)#router ospf 10
RC(config-router)#network 192.168.10.0 0.0.0.31 area 0
RC(config-router)#network 192.168.10.32 0.0.0.15 area 0
RC(config-router)#network 192.168.10.64 0.0.0.63 area 0
```

步骤 3：验证测试。

3 台计算机互 ping，相互都能 ping 通，则结果正确。同时使用 show ip route 和 show ip ospf neighbor 命令验证。

RA：

```
RA#sh ip route
Codes: C - connected, S - static, I - IGRP, R - RIP, M - mobile, B - BGP
       D - EIGRP, EX - EIGRP external, O - OSPF, IA - OSPF inter area
       N1 - OSPF NSSA external type 1, N2 - OSPF NSSA external type 2
       E1 - OSPF external type 1, E2 - OSPF external type 2, E - EGP
       i - IS-IS, L1 - IS-IS level-1, L2 - IS-IS level-2, ia - IS-IS inter area
       * - candidate default, U - per-user static route, o - ODR
       P - periodic downloaded static route


Gateway of last resort is not set

     192.168.10.0/24 is variably subnetted, 4 subnets, 3 masks
O        192.168.10.0/27 [110/65] via 192.168.20.2, 00:23:01, FastEthernet0/0
C        192.168.10.8/29 is directly connected, Loopback0
O        192.168.10.33/32 [110/66] via 192.168.20.2, 00:22:29, FastEthernet0/0
O        192.168.10.65/32 [110/66] via 192.168.20.2, 00:22:19, FastEthernet0/0
     192.168.20.0/30 is subnetted, 1 subnets
C        192.168.20.0 is directly connected, FastEthernet0/0
```

RB：

```
RB#show ip ospf neighbor

Neighbor ID     Pri    State        Dead Time     Address        Interface
192.168.10.9     1     FULL/BDR      00:00:38      192.168.20.1   FastEthernet0/0
192.168.10.65    0     FULL/ -       00:00:32      192.168.10.2   Serial1/2
!DR、BDR 视实际情况可能有所不同
```

RC:

RC#show ip route
Codes: C - connected, S - static, I - IGRP, R - RIP, M - mobile, B - BGP
       D - EIGRP, EX - EIGRP external, O - OSPF, IA - OSPF inter area
       N1 - OSPF NSSA external type 1, N2 - OSPF NSSA external type 2
       E1 - OSPF external type 1, E2 - OSPF external type 2, E - EGP
       i - IS-IS, L1 - IS-IS level-1, L2 - IS-IS level-2, ia - IS-IS inter area
       * - candidate default, U - per-user static route, o - ODR
       P - periodic downloaded static route

Gateway of last resort is not set

     192.168.10.0/24 is variably subnetted, 4 subnets, 4 masks
C   192.168.10.0/27 is directly connected, Serial1/2
O   192.168.10.9/32 [110/66] via 192.168.10.1, 00:23:06, Serial1/2
C   192.168.10.32/28 is directly connected, Loopback0
C   192.168.10.64/26 is directly connected, Loopback1
     192.168.20.0/30 is subnetted, 1 subnets
O   192.168.20.0 [110/65] via 192.168.10.1, 00:23:06, Serial1/2

课后习题

1. 下列配置时钟频率的命令中正确的是（　　）。

  A．(config)#clock rate 64000　　　　　　B．(config-if)#clock rate 64000

  C．(config-vlan)#clock rate 64000　　　　D．(config-line)#clock rate 64000

2. 命令 RA(config)#line vty 0 4，RA(config-line)#password 222 的含义是（　　）。

  A．配置 RA 的特权密码为 222

  B．配置 RA 的特权密码为 0 4

  C．打开线程 0～4 号会话口，设置 RA 的特权密码为 222

  D．打开线程 0～4 号会话口，设置 RA 的远程登录密码为 222

3. RA(config)#enable password 123 命令的含义是（　　）。

  A．设置 RA 的远程登录密码为 123

  B．设置 RA 从用户模式进入特权模式的密码为 123

  C．设置 RA 的特权密码为 password

  D．设置 RA 的远程登录密码为 password

4. 路由器配置远程登录时采用串口互连，接线时要配置（　　）端的时钟频率。

  A．DCE　　　　　　　　　　　　　　　B．DTE

  C．S1/0　　　　　　　　　　　　　　　D．S4/0

5．路由表中的 0.0.0.0 指的是（　　）。

   A．静态路由　　　　　　　　　　　B．默认路由

   C．RIP 路由　　　　　　　　　　　D．动态路由

6．关于静态路由的描述正确的是（　　）。

   A．手工输入到路由表中且不会被路由协议更新

   B．一旦网络发生变化就被重新计算更新

   C．路由器出厂时就已经配置好的

   D．通过其他路由协议学习到的

7．下列静态路由配置正确的是（　　）。

   A．ip route 129.1.0.0 16 serial 0　　B．ip route 10.0.0.2 16 129.1.0.0

   C．ip route 129.1.0.0 16 10.0.0.2　　D．ip route 129.1.0.0 255.255.0.0 10.0.0.2

8．路由器里正确添加静态路由的命令是（　　）。

   A．Red-giant(config)#ip route 192.168.5.0 255.255.255.0 serial 0

   B．Red-giant#ip route 192.168.1.1 255.255.255.0 10.0.0.1

   C．Red-giant(config)#route add 172.16.5.1 255.255.255.0 192.168.1.1

   D．Red-giant(config)#route add 0.0.0.0 255.255.255.0 192.168.1.0

9．关闭自动汇总功能的命令是（　　）。

   A．no ip router　　　　　　　　　B．no auto-summary

   C．auto-summary　　　　　　　　　D．ip router

10．默认路由是（　　）。

   A．一种静态路由　　　　　　　　　B．所有非路由数据包在此进行转发

   C．最后求助的网关　　　　　　　　D．以上都是

11．RIP 路由协议的最大跳数是（　　）。

   A．24　　　　　　　　　　　　　　B．16

   C．15　　　　　　　　　　　　　　D．18

12．RIP 路由协议每隔（　　）秒向外发送一次更新。

   A．30　　　　　　　　　　　　　　B．180

   C．120　　　　　　　　　　　　　　D．240

13．在 RA 上声明关联网络 172.16.1.0/24，OSPF 配置命令正确的是（　　）。

   A．RA(config)#router ospf 10; RA(config-router)#network 172.16.1.0

   B．RA(config)#router ospf 10; RA(config-router)#network 172.16.1.0 255.255.255.0

   C．RA(config)#router ospf 10; RA(config-router)#network 172.16.1.0 255.255.255.0 area 0

   D．RA(config)#router ospf 10; RA(config-router)#network 172.16.1.0 0.0.0.255 area 0

14．在 OSPF 路由协议的网络中，OSPF 路由器之间交换（　　），经过计算产生路由表。

   A．路由表　　　　　　　　　　　　B．IP 地址

   C．接口号　　　　　　　　　　　　D．链路状态

15．OSPF 路由协议的默认管理距离是（　　）。

    A．110　　　　　　　　　　　　B．120

    C．1　　　　　　　　　　　　　D．0

16．OSPF 协议中规定在运行 OSPF 的网络中必须有区域（　　）。

    A．1　　　　　　　　　　　　　B．2

    C．0　　　　　　　　　　　　　D．1024

项目6
构建广域网

【项目目标】

知识目标： 了解广域网协议及相关概念，掌握 PPP 协议特性。

能力目标： 能对广域网协议进行封装，能进行 PPP PAP 和 CHAP 配置。

任务1 广域网协议的封装

【用户需求与分析】

某公司的总公司与分公司分别设在不同的城市，为了顺利开展业务，要求总公司跟分公司之间通过路由器相连，保持网络联通。现要在路由器上做广域网协议封装，实现公司内部主机相互通信。

两台路由器通过广域网连接，需要设置以使数据能安全通过广域网传递，查看路由器广域网接口支持的数据链路层协议并正确地封装。

【预备知识】

一、什么是广域网（WAN）

WAN 是指跨越很远的距离，所覆盖的范围从几十千米到几千千米，能连接多个城市或国家，或横跨几个洲并能提供远距离通信，形成国际性的远程网络。公司可以使用 WAN 来连接不同的公司分部，使得遥远的总部和分部之间能够交换信息。

广域网技术主要体现在 OSI 参考模型的物理层和数据链路层，有时也会涉及网络层。广域网协议指 Internet 上负责路由器与路由器之间连接的数据链路层协议。

二、WAN 连接类型

WAN 连接有多种可用的选择项，常用的连接类型有如下 3 种：

- 租用线路：也称点对点或专用连接，它为用户提供一条预先建好的专用 WAN 通信路径，服务提供商保证这一连接只给租用它的特定客户使用。租用线路避免了共享连接带来的问题，但是这种方法费用很高。典型情况下，租用线路使用同步串行连接可以达到 T3/E3 的速度，甚至具有 45Mb/s 的保证有效带宽。
- 电路交换：是另一种 WAN 交换方法，在这种方式下，发送者与接收者在呼叫期间必须存在一条专用的电路路径。提供基本电话服务和综合业务数字网业务时，服务提供商的网络使用电路交换。
- 包交换：也是一种 WAN 交换方式，在包交换情况下，网络设备共享一条点对点连接线路，使用户数据包从源地址传送到目的地址。包交换提供的服务与租用线路提供的服务类似，只不过它的线路是共享的，价格也更便宜。与租用线路一样，包交换通过串行连接提供服务，它的速度范围是 56kb/s 到 T3/E3 标准速度。

三、广域网封装协议的分类

报文在 OSI 模型的数据链路层间传输时，网络设备必须用第二层的帧格式封装数据，不同的服务可以使用不同的帧格式，典型的 WAN 封装类型如图 6-1 所示。

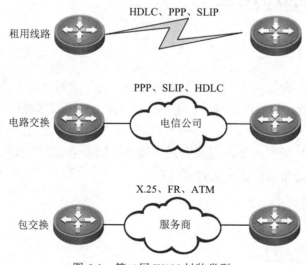

图 6-1　第二层 WAN 封装类型

常见的广域网专线技术有 DDN 专线、PSTN/ISDN 专线、帧中继专线和 X.25 专线等。数据链路层提供各种专线技术的协议，主要有 PPP、HDLC、X.25、FR、ATM 等。

- PPP。点对点的协议，华为路由器默认封装，是面向字符的控制协议。PPP 协议是数据链路层协议，支持点到点的连接，物理层可以是同步电路或异步电路，具有各种 NCP 协议，如 IPCP，IPXCP 更好地支持了网络层协议，具有验证协议 PAP/CHAP，更好地保证了网络的安全性。

- HDLC（高级数据链路控制，High-Level Data Link Control）。HDLC 是点对点专用链路和电路交换连接的默认封装类型，也是 Cisco 路由器默认的封装类型，是面向比特的同步数据链路层协议，多用于路由器设备之间的通信。

- FR（帧中继）。它是对 X.25 分组交换网的改进，增加了纠错和流控制等功能，以虚电路的方式工作。

- ATM（异步传输控制，Asynchronous Transfer Mode）。ATM 是单元转发的国际标准，它将各种服务类型的数据转成定长的最小单元，定长的单元允许用硬件进行处理，减少了传输延时。

四、协议封装配置命令

（1）HDLC 协议封装命令格式：

```
Ruijie(config-if)#encapsulation hdlc
```

hdlc 是同步端口的默认封装协议。可以使用 no 命令恢复默认封装协议。

例如在路由器 RA 的同步端口 S1/0 上封装 HDLC 协议，再使用 no 命令恢复默认封装协议，命令如下：

```
RA(config-if)#int s1/0
RA(config-if)#encapsulation hdlc
RA(config-if)#no encapsulation
```

（2）PPP 协议封装命令格式：

```
Ruijie(config-if)#encapsulation ppp
```

例如在路由器 RA 的同步端口 S1/0 上设置 IP 地址，封装 PPP 协议，再使用 no 命令恢复默认封装协议，命令如下：

```
RA(config-if)#int s1/0
RA(config-if)#ip address 172.16.1.1 255.255.255.0
RA(config-if)#encapsulation ppp
RA(config-if)#no encapsulation
```

【任务实施】

广域网协议的封装

实训设备：2 台路由器、1 条 V.35 线缆。

网络拓扑结构图如图 6-2 所示。

图 6-2　任务 1 的实训网络拓扑结构图

实训目的：掌握广域网协议的封装类型和封装方法。

注意事项：封装广域网协议时，要求 V.35 线缆的两个端口上的封装协议一致，否则将无法建立链路。

步骤 1：配置路由器名称、接口 IP 地址和时钟频率。

RA：

```
Router>en
Router#conf t
Enter configuration commands, one per line.    End with CNTL/Z.
Router(config)#hostname RA
RA(config)#int s1/2
RA(config-if)#ip add 172.16.1.1 255.255.255.0
RA(config-if)#no shutdown
RA(config-if)#clock rate 64000
```

RB：

```
Router>en
Router#conf t
Enter configuration commands, one per line.    End with CNTL/Z.
Router(config)#hostname RB
RB(config)#int s1/2
RB(config-if)#ip add 172.16.1.2 255.255.255.0
RB(config-if)#no shutdown
RB(config-if)#int f0/0
RB(config-if)#ip add 172.16.3.1 255.255.255.0
RB(config-if)#no shutdown
```

步骤 2：封装 HDLC 协议。

配置之前先查看端口配置，以 RA 为例。

```
RA#show interfaces s1/2
Serial1/2 is up, line protocol is up (connected)
   Hardware is HD64570
   Internet address is 172.16.1.1/24
   MTU 1500 bytes, BW 128 Kbit, DLY 20000 usec,
       reliability 255/255, txload 1/255, rxload 1/255
   Encapsulation HDLC, loopback not set, keepalive set (10 sec)
```

说明锐捷路由器端口默认封装的广域网协议是 HDLC。

RA：

```
RA(config)#int s1/2
RA(config-if)#encapsulation hdlc
```

RB：

```
RB(config)#int s1/2
RB(config-if)#encapsulation hdlc
```

步骤 3：封装 PPP 协议。

RA：

```
RA(config)#int s1/2
RA(config-if)#encapsulation ppp
```

RB：

```
RB(config)#int s1/2
RB(config-if)#encapsulation ppp
```

步骤 4：验证配置。

```
RA#show interfaces serial 1/2
Serial1/2 is up, line protocol is up (connected)
    Hardware is HD64570
    Internet address is 172.16.1.1/24
    MTU 1500 bytes, BW 128 Kbit, DLY 20000 usec,
        reliability 255/255, txload 1/255, rxload 1/255
Encapsulation PPP, loopback not set, keepalive set (10 sec)
```

【任务小结】

1．在 DCE 端一定要配置时钟频率，在进入接口 RA(config)#interface serial 4/0 后面加上配置语句：#clock rate 64000。

2．锐捷路由器广域网接口默认封装的就是 HDLC。

3．封装广域网协议时，要求 V.35 线缆的两个端口上的封装协议要一致，否则将无法建立链路。

任务 2　PPP PAP 认证

【用户需求与分析】

公司为了满足不断增长的业务需求，申请了专线接入，当客户端路由器与 ISP 进行链路协商时，需要验证身份，配置路由器以保证链路的建立，并考虑其安全性。

两台路由器通过串口相连，并且要在两台路由器上进行链路连接，在链路协商时用户名、密码以明文的方式传输。

【预备知识】

PPP PAP 认证

一、什么是 PPP 协议

PPP 协议位于 OSI 七层模型的数据链路层，按照功能 PPP 协议划分为两个子层：LCP 和 NCP。LCP（链路控制协议）建立点对点链路，是 PPP 中实际工作的部分。LCP 位于物理层的上方，负责建立、配置和测试数据链路连接，负责协商和设置 WAN 数据链路上的控制选项，这些选项由 NCP 处理。LCP 主要负责链路的协商、建立、回拨、认证、数据的压缩、多链路的捆绑等。PPP 允许多个网络协议共用一个链路，网络控制协议（NCP）负责连接 PPP（第二层）和网络协议（第三层）。对于所使用的每个网络层协议，PPP 都分别使用独立的 NCP 来连接。例如，IP 使用 IP 控制协议（IPCP），IPX 使用 Novell IPX 控制协议（IPXCP）。NCP 主要负责与上层的协议进行协商，为网络层协议提供服务。

　　PPP 的认证功能是指在建立 PPP 链路的过程中进行密码的验证，若验证通过就建立连接，否则拆除链路。

二、PPP 认证方式

　　PPP 协议支持两种认证方式：PAP（Password Authentication Protocol，密码验证协议）和CHAP（Challenge-Handshake Authentication Protocol）。相对来说 PAP 的认证方式安全性没有CHAP 高。PAP 是指验证双方通过两次握手完成验证过程，它是一种用于对试图登录到点对点协议服务器上的用户进行身份认证的方法。由被验证方主动发出验证请求，其中包含了验证的用户名和密码。验证方验证后作出回复：通过验证或验证失败。在验证过程中，用户名和密码以明文的方式在链路上传输。

三、PPP 验证过程

　　PAP 验证是简单的认证方式，采用明文传输，验证只在开始链接时进行。PAP 验证过程如图 6-3 所示。

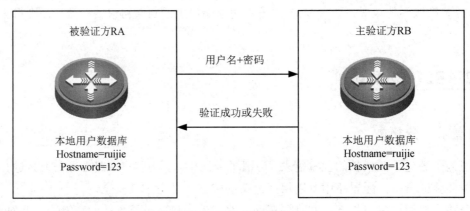

图 6-3　PAP 验证过程

- 被验证方先发起链接，将 Username 和 Password 一起发给主验证方。
- 主验证方收到被验证方 Username 和 Password 后，在数据库中进行匹配并回送 ACK 或 NAK。

四、PAP 认证配置命令

　　（1）PAP 验证的配置。

客户端（被验证方）：

```
RA(config)#interface seril 1/2
RA(config-if)# encapsulation ppp
RA(config-if)#ppp pap sent-username ruijie password 0 123
```

　　（2）PAP 验证的调试。

特权模式下输入：

```
Router#show interfaces serial 1/2
```

```
Router#debug ppp authentication
#no debug all  关闭调试
```

【任务实施】

实训设备：2 台路由器（带串口）、1 对 V.35 线缆（DTE/DCE）。

网络拓扑结构图如图 6-4 所示。

PPP PAP 验证配置

图 6-4　任务 2 的实训网络拓扑结构图

实训目的：掌握 PPP PAP 认证的过程及配置。

注意事项：封装广域网协议时，要求 V.35 线缆的两个端口的封装协议保持一致，否则无法建立链路。

步骤 1：配置路由器名称、接口 IP 地址、时钟频率和封装 PPP 协议。

RA：

```
Router(config)#hostname RA
RA(config)#int s1/2
RA(config-if)#ip add 172.16.1.1 255.255.255.0
RA(config-if)#no shutdown
RA(config-if)#clock rate 64000
RA(config-if)#encapsulation ppp
```

RB：

```
Router>en
Router#conf t
Enter configuration commands, one per line.    End with CNTL/Z.
Router(config)#hostname RB
RB(config)#int    s1/2
RB(config-if)#ip add 172.16.1.2 255.255.255.0
RB(config-if)#no shutdown
RB(config-if)#encapsulation ppp
```

步骤 2：配置 PAP 验证。

RA：

```
RA(config)#int s1/2
RA(config-if)#ppp pap sent-username RA password 0 123
!配置验证时的用户名和密码
```

RB：

```
RB(config)#username RA password 123
RB(config)#int s1/2
RB(config-if)#ppp authentication pap
```

步骤 3：验证 PAP。

```
RB#sh in s1/2
serial 1/2 is UP    , line protocol is DOWN
Hardware is PQ2 SCC HDLC CONTROLLER serial
Interface address is: 172.16.1.2/24
    MTU 1500 bytes, BW 2000 Kbit
    Encapsulation protocol is PPP, loopback not set
    Keepalive interval is 10 sec , set
    Carrier delay is 2 sec
    RXload is 1 ,Txload is 1
    LCP Reqsent
    Closed: ipcp
    Queueing strategy: WFQ
    5 minutes input rate 17 bits/sec, 0 packets/sec
    5 minutes output rate 62 bits/sec, 0 packets/sec
        247 packets input, 5434 bytes, 0 res lack, 0 no buffer,0 dropped
        Received 31 broadcasts, 0 runts, 0 giants
        35 input errors, 0 CRC, 35 frame, 0 overrun, 0 abort
        990 packets output, 17716 bytes, 0 underruns,2 dropped
        0 output errors, 0 collisions, 114 interface resets
        7 carrier transitions
        V35 DTE cable
    DCD=up   DSR=up   DTR=up   RTS=up   CTS=up
```

接着可以在特权模式下输入 debug ppp authentication 命令，然后将 s1/2 端口关闭后 no shutdown，可以观察到 PAP 认证的相关信息，视具体情况，也有可能不会出现。

【任务小结】

1．PAP 一方认证的配置共分以下为 3 个步骤：

（1）建立本地口令数据库。

（2）服务器端要求进行 PAP 认证（服务器端）。

（3）PAP 认证客户端配置（将用户名和口令发送到对端）。

2．PAP 跟 CHAP 的作用都是验证用户的账号和密码，所以配置的时候就要有账号和密码。PAP 会把明文送出来做验证，所以不安全。CHAP 则是双方都把随机乱数+密码通过杂凑函数来运算，所以网络上只会看到杂凑函数的种类及随机乱数，不会看到密码，安全性很高。

3．测试验证：Router#debug ppp authentication。

任务 3　PPP CHAP 认证

【用户需求与分析】

公司为了满足不断增长的业务需求，申请了专线接入，当客户端路由器与 ISP 进行链路协商时，需要验证身份，配置路由器以保证链路的建立，并考虑其安全性。

两台路由器通过串口进行 PAP 连接，在链路协商时要保证安全验证，链路协商时 MD5 以密文的方式传输。

【预备知识】

PPP CHAP 认证

一、什么是 CHAP 认证

CHAP（Challenge Handshake Authentication Protocol，挑战握手认证协议）使用三次握手机制来启动一条链路和周期性地验证远程节点。

二、CHAP 认证过程

CHAP 为三次握手协议，它只在网络上传送用户名而不传送口令，因此安全性比 PAP 高，认证过程如图 6-5 所示。

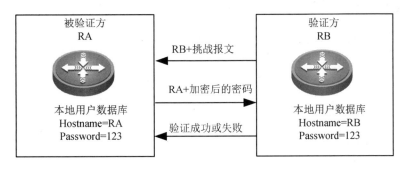

图 6-5 CHAP 认证过程

（1）先由验证方向被验证方发送一段随机报文，并加上自己的主机名 RB。

（2）当被验证方收到验证方的验证要求时，从中提取验证方发过来的主机名，然后根据该主机名在被验证方的后台数据库中查找相同的用户名记录，当查找到后就使用该用户名对应的密钥，然后根据这个密钥、报文 ID 和验证方发送的随机报文用 MD5 加密算法生成应答，随后将应答和自己的主机名送回。

（3）同样验证方收到被验证方发送的回应后，提取被验证方的用户名，然后去查找本地的数据库，当找到与被验证方一致的用户名后，根据该用户所对应的密钥、保留报文 ID 和随机报文用 MD5 加密算法生成结果，和刚刚被验证方所返回的应答进行比较，相同则返回 ACK（验证成功），否则返回 NAK（验证失败）。

三、CHAP 认证与 PAP 认证的区别

PAP 是简单认证，明文传送，客户端直接发送包含用户名和口令的认证请求，服务器端处理并回应。而 CHAP 是加密认证，先由服务器端给客户端发送一个随机码 challenge，客户端根据 challenge 对口令进行加密，算法是 md5(password,challenge,ppp_id)，然后把这个结果发

送给服务器端。服务器端从数据库中取出口令 password2，同样进行加密处理。md5(password2, challenge, ppp_id)，最后比较加密的结果是否相同。如果相同，则认证通过，向客户端发送认可消息。

PAP 是简单二次握手身份验证协议，用户名和密码明文传送，安全性低。CHAP 是一种挑战响应式协议，三次握手身份验证，口令信息加密传送，安全性高。CHAP 的英文全称为 Challenge Handshake Authentication Protocol。

四、CHAP 认证配置命令

客户端（被验证方）：

```
RA(config)#username RB password    0 123
RA(config)#interface serial 1/2
RA(config-if)#encapsulation ppp
```

服务端（验证方）：

```
RB(config)#username RA password 123
RB(config)#interface serial 1/2
RB(config-if)#encapsulation ppp
RB(config-if)#ppp authentication chap
```

从上面可以看出，只有当对方设备名（hostname）和己方用户（username）一致时，才能通过验证。

【任务实施】

PPP CHAP 配置

实训设备：2 台路由器（带串口）、1 对 V.35 线缆（DCE/DTE）。

网络拓扑结构图如图 6-6 所示。

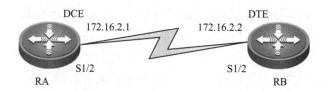

图 6-6　任务 3 的实训网络拓扑结构图

实训目的：掌握 PPP CHAP 认证的过程及配置。

步骤 1：配置路由器的名称、接口 IP 地址、时钟频率和封装 PPP。

RA：

```
Router(config)#hostname RA
RA(config)#int s1/2
RA(config-if)#ip add 172.16.2.1 255.255.255.0
RA(config-if)#no shutdown
RA(config-if)#clock rate 64000
RA(config-if)#encapsulation ppp
```

RB：

```
Router(config)#hostname RB
RB(config)#int s1/2
RB(config-if)#ip add 172.16.2.2 255.255.255.0
RB(config-if)#no shutdown
RB(config-if)#encapsulation ppp
```

步骤 2：配置 CHAP 验证。

RA：

```
RA(config)#username RB password 0 123
```

RB：

```
RB(config)#username RA password 0 123
RB(config)#int s1/2
RB(config-if)#ppp authentication chap
```

步骤 3：验证 CHAP。

```
RA#show interfaces serial 1/2
Serial1/2 is up, line protocol is up (connected)
    Hardware is HD64570
    Internet address is 172.16.2.1/24
    MTU 1500 bytes, BW 128 Kbit, DLY 20000 usec,
        reliability 255/255, txload 1/255, rxload 1/255
    Encapsulation PPP, loopback not set, keepalive set (10 sec)
    LCP Open
    Open: IPCP, CDPCP
    Last input never, output never, output hang never
    Last clearing of "show interface" counters never
```

【任务小结】

CHAP 是指验证双方通过三次握手完成验证过程，此方式比 PAP 更安全。CHAP 由验证方主动发出挑战报文，由被验证方应答。在整个验证过程中，链路上传递的信息都进行了加密处理。

CHAP 验证方（服务器端）认证的配置共分为以下两个步骤：

（1）建立本地口令数据库。

（2）要求进行 CHAP 认证。

课后习题

1. 下列（　　）不是 PPP 提供的功能。

　　A. 压缩　　　　　　　B. 回拨　　　　　　C. 多链路　　　　　D. 加密

2. PPP 是（　　）协议。

　　A. 物理层　　　　　　B. 链路层　　　　　C. 网络层　　　　　D. 传输层

3．下面（　　）不是 WAN 的连接类型。

    A．租用专用线路　　　B．电路交换　　　C．包交换　　　D．以太网

4．下列在路由器上封装 PPP 广域网协议的命令中正确的是（　　）。

    A．Router(config)#encapsulation ppp

    B．Router(config)#encapsulation hdlc

    C．Router(config-if)#encapsulation ppp

    D．Router(config-if)#encapsulation hdlc

5．PAP 验证是发生在（　　）上的验证功能。

    A．物理层　　　　　　B．链路层　　　　C．网络层　　　　D．传输层

6．PPP 调试命令正确的是（　　）。

    A．RA(config)#debug ppp

    B．RA(config)#debug ppp authentication

    C．RA#debug ppp authentication

    D．RA(config-if)#debug ppp authentication

7．在 PAP 验证过程中，首先发起验证请求的是（　　）。

    A．验证方　　　　　　　　　　　　B．被验证方

    C．双方同时发出　　　　　　　　　D．双方都不发出

8．在 PAP 验证过程中，敏感信息是以（　　）形式进行传送的。

    A．明文　　　　　　　B．加密　　　　　C．摘要　　　　　D．加密的摘要

项目7

局域网安全管理

【项目目标】

知识目标： 了解端口安全的作用，掌握端口安全配置命令，了解访问控制列表的定义、用途及类型，掌握访问控制列表配置命令。

能力目标： 能配置交换机端口安全，能配置标准 ACL 并调试，能配置扩展 ACL 并调试。

任务1 交换机端口安全配置

【用户需求与分析】

假设你是某公司的网管，公司要求对网络进行严格控制。为了防止公司内部用户的 IP 地址冲突，防止公司内部的网络攻击和破坏行为，为每位员工分配了固定的 IP 地址，并且只允许公司员工的主机使用网络，不得随意连接其他主机。例如，某员工分配的 IP 地址是 192.168.1.10/24，主机 MAC 地址是 00D0.FF5C.7D13，该主机连接在一台二层交换机上。

针对交换机接主机的端口，配置最大连接数为 1，针对 PC1 主机的接口进行 MAC 地址绑定或 IP+MAC 地址绑定。

【预备知识】

一、安全端口概述

在局域网内部不安全因素是非常多的，常见的有 MAC 地址攻击、ARP 攻击、IP/MAC 地址欺骗等。为了避免这些攻击，可以利用交换机的端口安全功能来实现网络接入安全。交换机的端口安全机制是工作在交换机二层端口上的一个安全特性，端口安全的作用主要有以下两点：

- 只允许特定 MAC 地址的设备接入网络，从而防止用户将非法或未授权的设备接入网络。

● 限制端口接入的设备数量，防止用户将过多的设备接入到网络中。

（1）安全端口地址绑定。安全端口地址绑定是指将允许使用该交换机端口的主机地址（MAC 地址或 MAC 和 IP 地址）与交换机端口关联。被绑定的地址称为安全地址。一旦交换机端口启动安全端口功能，交换机将检查从此端口接收的帧的源 MAC 地址，若与安全地址相符号，则直接转发，否则丢弃。

可以将 MAC 地址和 IP 地址联合起来同时作为安全地址，也可以只将 MAC 地址作为安全地址。

配置端口安全存在以下限制：

● 一个安全端口必须是一个 Access 端口及连接终端设备的端口，而不是 Trunk 端口。

● 一个安全端口不能是一个聚合端口。

● 一个安全端口不能是 SPAN 的目的端口。

（2）安全端口最大连接数。安全端口最大连接数是指交换机允许访问安全端口的合法主机数量。如果超过设定数量的报文，则按照事先定义的违例处理方式操作。

安全端口设置最大连接数是为了防止过多的用户接入网络。MAC 地址攻击原理是在同一端口大量发出伪造随机源 MAC 地址的数据包，造成交换机 MAC 地址表很快饱和，交换机性能急剧下降。防御 MAC 地址攻击的措施可以采取限制端口的最大安全用户的数量，这就是安全端口的最大连接数限制。

如果将最大个数设置为 1，并且为该端口配置一个安全地址，则连接到这个口的计算机（其地址为配置的安全地址）将独享该端口的全部带宽。为了增强安全性，你可以将 MAC 地址和 IP 地址绑定起来作为安全地址。

（3）安全端口违例。对于安全端口，当其端口接收的安全地址数量已经达到允许的最大连接数后，该端口再收到一个报文时一个安全违例将产生。当安全违例产生时，可以选择多种方式来处理违例。

● Protect：当安全地址个数满后，安全端口将丢弃未知名地址（不是该端口的安全地址中的任何一个）的包。

● Restrict：当违例产生时，将发送一个 TR1p 通知。

● Shutdown：当违例产生时，将关闭端口并发送一个 TR1p 通知。

当端口因为违例而被关闭后，在全局配置模式下使用命令 errdisable recovery 来将接口从错误状态中恢复过来，也可以直接进入接口模式用 no shutdown 命令重新开启端口。

二、端口安全配置命令

设置交换机的安全端口的命令包括启动端口安全功能、设置端口最大连接主机数、设置端口安全地址等。

（1）启动端口安全功能。

Switch(config)#interface interface-id：进入接口配置模式。

Switch(config-if)#switchport mode access：一定要设置接口为 access 模式（如果确定接口已经处于 access 模式，则此步骤可以省略）。

Switch(config-if)#switchport port-security：打开该接口的端口安全功能。

（2）设置端口安全地址。交换机端口只有设置了安全地址后，才能有效地过滤非法接入的设备。如果没有设置安全地址，则交换机将在最大连接数范围内开始自动学习安全地址，先接入的计算机地址先被学习为安全地址，直到达到最大连接数为止。

Switch(config-if)#switchport port-security mac-address *mac-address* [ip-address ip-address]：手工配置接口上的安全地址。ip-address 为可选 IP 为这个安全地址绑定的地址。

例如设置交换机 f0/1 端口的安全 MAC 地址为 0000.0C1B.2EB3 及安全 IP 地址为 192.168.10.10，命令如下：

```
Ruijie(config)#int   f0/1
Ruijie(config)#switchport port-security
Ruijie(config)#switchport port-security mac-address 0000.0C1B.2EB3 ip-address 192.168.10.10
```

可以使用 no 命令删除设置的安全地址，命令如下：

```
Ruijie(config)#no switchport port-security mac-address 0000.0C1B.2EB3 ip-address 192.168.10.10
```

（3）设置安全端口最大连接数。

Switch(config-if)#switchport port-security maximum value：设置接口上安全地址的最大个数，value 值的范围是 1～128，默认值为 128。

（4）switchport port-security violation {protect| restrict | shutdown}：设置处理违例的方式。当端口因为违例而被关闭后，你可以在全局配置模式下使用命令 errdisable recovery 来将接口从错误状态中恢复过来。

（5）显示端口的安全设置信息。

1）显示所有端口的安全设置信息、违例处理方式及安全地址表。

```
switch#show port-security
```

2）显示所有安全地址。

```
switch#show port-security address
```

3）显示交换机 f0/1 端口的安全设置信息。

```
switch#show port-security interface 0/1
```

例如在交换机的 f0/3 口开启端口安全功能，设置最大连接地址个数为 8，设置违例处理方式为 protect。

```
Switch(config)#interface f0/3
Switch(config-if)#switchport mode access
Switch(config-if)#switchport port-security
Switch(config-if)#switchport port-security maximum 8
Switch(config-if)#switchport port-security violation protect
Switch(config-if)#end
```

【任务实施】

实训设备：1 台交换机、3 台 PC。

网络拓扑结构图如图 7-1 所示。

交换机端口安全配置

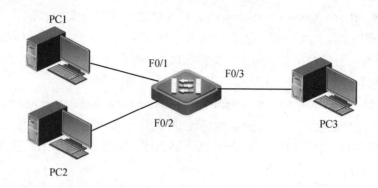

图 7-1　端口安全配置网络拓扑结构图

实训目的：掌握交换机的端口安全，控制用户的安全接入。

步骤 1：在交换机端口 f0/1 上启用安全端口功能，并设置最大连接数为 1。

```
Switch>enable
Switch#conf t
Enter configuR1tion commands, one per line.    End with CNTL/Z.
Switch(config)#hostname L2-SW
L2-SW (config)#int f0/1
L2-SW (config-if-R1nge)#switchport mode access
!由于端口安全设置只能在 access 口上进行，因此要先把端口设置为 access 模式
L2-SW (config-if-R1nge)#switchport port-security
!进入端口安全设置
L2-SW (config-if-R1nge)#switchport port-security maximum 1
!设置端口最大连接数为 1
```

步骤 2：设置违例处理方式为 shutdown。

```
L2-SW (config-if-R1nge)#switchport port-security violation shutdown
```

步骤 3：查看 PC1 的 MAC 地址并设置端口安全地址。

```
PC>ipconfig /all
FastEthernet0 Connection:(default port)
Physical Address................: 00D0.FF5C.7D13
IP Address......................: 192.168.0.1
Subnet Mask.....................: 255.255.255.0
!在 PC 上查看本机 MAC 地址和 IP 地址（此处仅为示范，具体 MAC 和 IP 地址按照实际 PC 查看到的
!结果进行配置）
```

```
L2-SW(config)#int f0/1
L2-SW(config-if)#switchport    port-security mac-add 00d0.ff5c.7d13
!将 PC1 主机的 MAC 地址绑定在交换机 f0/1 口上
```

步骤 4：查看交换机端口安全配置信息。

显示所有端口的安全配置信息、违例处理方式及安全地址表。

```
L2-SW# show port-security
Secure Port MaxSecureAddr CurrentAddr SecurityViolation Security Action
           (Count)         (Count)           (Count)
```

Fa0/1	1	1	0	Shutdown

显示交换机 f0/1 端口的安全设置信息。

```
L2-SW#show port-security int f0/1
Port Security                 : Enabled
Port Status                   : Secure-up
Violation Mode                : Shutdown
Aging Time                    : 0 mins
Aging Type                    : Absolute
SecureStatic Address Aging : Disabled
Maximum MAC Addresses         : 1
Total MAC Addresses           : 0
Configured MAC Addresses      : 0
Sticky MAC Addresses          : 0
Last Source Address:Vlan      : 0000.0000.0000:0
Security Violation Count      : 0
```

步骤 5：验证交换机端口安全功能。

按照拓扑将 PC1 接在 f0/1 端口，PC2 接在 f0/2 端口，PC3 接在 f0/3 端口，PC1、PC2、PC3 的 IP 地址分别设置为 192.168.1.10/24、192.168.1.10/24、192.168.1.30/24。测试 3 台计算机之间的连通性，相互都能 ping 通。

PC1 ping PC3：

```
PC>ping 192.168.1.30
Pinging 192.168.1.20 with 32 bytes of data:
Reply from 192.168.1.20: bytes=32 time=0ms TTL=128
Reply from 192.168.1.20: bytes=32 time=1ms TTL=128
Reply from 192.168.1.20: bytes=32 time=0ms TTL=128
Reply from 192.168.1.20: bytes=32 time=0ms TTL=128
Ping statistics for 192.168.1.30:
    Packets: Sent = 4, Received = 4, Lost = 0 (0% loss),
Approximate round trip times in milli-seconds:
    Minimum = 0ms, Maximum = 1ms, AveR1ge = 0ms
```

将 PC2 接到 f0/1 端口，再次验证，发现 PC2 ping 不通 PC3。这是因为在 f0/1 端口设置了 PC1 的 MAC 地址为安全地址，f0/1 端口只允许 PC1 接入；其他端口没有设置安全地址，任何计算机都可以接入。

PC2 ping PC3：

```
PC>ping 192.168.1.30
Pinging 192.168.1.30 with 32 bytes of data:
Request timed out.
Request timed out.
Request timed out.
Request timed out.
```

Ping statistics for 192.168.1.30:
Packets: Sent = 4, Received = 0, Lost = 4 (100% loss),
Approximate round trip times in milli-seconds:
    Minimum = 0ms, Maximum = 1ms, AveR1ge = 0ms

【任务小结】

1．交换机端口安全功能只能在 access 接口进行配置。

2．交换机最大连接数限制的取值范围是 1～128，默认是 128。

3．交换机最大连接数限制的默认处理方式是 protect。

4．交换机端口安全功能只能在 access 接口进行配置：switch(config-if)#switchport mode access。

5．要分清楚是哪台 PC 的 MAC 地址和 IP 地址需要绑定（用 ipconfig /all 查看），分清楚 PC 连接在交换机的哪个端口需要进行地址绑定。

任务 2　标准 ACL 配置

【用户需求与分析】

假设你是某公司的网管，公司的经理部、财务部和销售部分属于 3 个不同的网段，3 个部门之间用路由器进行信息传递，为了安全起见，公司领导要求销售部不能对财务部进行访问，但经理部可以对财务部进行访问。经理部的网段为 172.16.2.0，销售部的网段为 172.16.1.0，财务部的网段为 172.16.4.0。

只允许 172.16.2.0 网段与 172.16.4.0 网段的主机进行通信，不允许 172.16.1.0 网段去访问 172.16.4.0 网段的主机。

【预备知识】

标准 ACL 配置

一、ACL 概述

ACL（Access Control Lists，访问控制列表）是应用于路由器或三层交换机接口上的指令列表。

ACL 根据定义的一系列规则过滤数据包，即允许或拒绝数据包通过接口。

ACL 分为两种类型：标准 ACL 和扩展 ACL。标准 ACL 是指根据数据包的源 IP 地址定义规则，进行数据包的过滤。

扩展 ACL 可以根据数据包的源 IP、目的 IP、源端口、目的端口、协议来定义规则，进行数据包的过滤。

ACL 的应用场合：使用 ACL 允许合法授权用户使用网络资源，避免非法用户访问，通常用于局域网内部门之间控制网络流量以及路由过滤等场合。

二、ACL 应用规则

（1）依据源 IP 地址进行过滤。标准 ACL 是通过定义数据包中的源 IP 地址范围，在范围内的数据包允许或拒绝通过，实现对数据包的过滤。它主要应用于登录路由器安全限制、路由过滤等场合。

（2）从上而下的检测顺序，当报文匹配某条规则后，将执行操作，跳出匹配过程。

标准 ACL 是由一系列的 ACL 语句构成，每条语句都包含条件和操作。执行 ACL 时从上至下开始，上面第一条语句最先检测，最后一条语句最后检测。当某一条语句符合检测条件时，执行该语句的操作（允许或拒绝），不再检测后续语句；不符合条件时继续检测下一条语句，直到最后一条语句。若最后一条语句也不符合条件则丢弃该数据包。

任何 ACL 的默认操作是"拒绝所有"。总结匹配顺序为：自上而下，依次匹配，最后隐藏一条拒绝的语句。

定义 ACL 规则时，语句的先后顺序十分重要，应该将最严格的条件放在最上面，最宽松的条件放在最后。

（3）数据通过路由器时的进出方向 IN/OUT 如图 7-2 所示。

标准 ACL 一般应用在 OUT 出站接口，配置在离目标端最近的路由上。

图 7-2　数据包通过路由时的方向

三、标准 ACL 配置

标准 ACL 配置分为两步：创建 ACL 规则和应用 ACL 规则。

定义的每个 ACL 都必须命名，以便后续应用时调用。IP ACL 的配置有两种方式：按照编号的访问列表和按照命名的访问列表。用编号命名的 ACL 称为编号 ACL，用字符串命名的 ACL 称为命名 ACL。标准 IP 访问列表的编号范围是 1～99、1300～1999。下面介绍编号标准 ACL 的配置命令。

（1）创建 ACL 规则。

```
Router(config)#access-list  access-list-number  { permit | deny }  { any | source  wildcard }
```

其中，access-list-number 为访问控制列表序号，IP 标准 ACL 的序号是 1～99、1300～1999；permit 为允许满足条件的数据包通过，deny 为拒绝或禁止满足条件的数据包通过，any 表示任意主机，source 为要被过滤的数据包的源 IP 地址，wildcard 为通配屏蔽码，也就是子网掩码的反码。

1）host 和 any 的含义。关键字 host 指定单个主机，any 指定所有主机。host 是 0.0.0.0 通配符屏蔽码的简写，any 是源地址/子网掩码反码 0.0.0.0/255.255.255.255 的简写。

2）host 和 any 的用法举例。

host 的用法（下面两种语句表示的含义是等同的）：

```
R1(config)# access-list 1  permit  192.168.1.10  0.0.0.0
R1(config)# access-list 1  permit  host  192.168.1.10
```

any 的用法（下面两种语句表示的含义是等同的）：

```
R2(config)#access-list  2  deny  any
R2(config)#access-list 2  deny  0.0.0.0  255.255.255.255
```

允许源地址 192.168.10.0 网段的数据包通过，拒绝其他数据包通过，语句如下：

```
Router(config)#access-list  10  permit 192.168.10.0  0.0.0.255
```

拒绝源地址 192.168.10.10 的报文通过，其他主机的报文允许通过，语句如下：

```
Router(config)#access-list  20  deny  host  192.168.10.10
Router(config)#access-list  20  permit  any
```

（2）应用 ACL 规则。

```
Router(config-if)#ip  access-group  access-list-number  { in | out }
```

这里一定要进入路由器接口才能应用 ACL 规则，access-list-number 为标准访问控制列表序号 1~99 和 1300~1999，前面定义的序号是 10，这里就要应用编号 10，数据流的方向要看数据通过路由器时的方向是 IN 还是 OUT。

在路由器的 f0/1 口上应用访问控制列表 10，语句如下：

```
Router(config)#interface  f0/1
Router(config-if)#ip  access-group  10  in
```

【任务实施】

实训设备：2 台路由器、1 条 V.35 线缆、3 条交叉线。

网络拓扑结构图如图 7-3 所示。

标准 ACL 配置

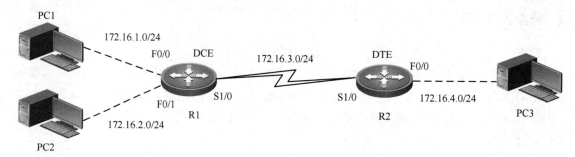

图 7-3 标准 ACL 配置网络拓扑结构图

实训目的：掌握路由器上编号的标准 IP 访问列表规则及配置。

步骤 1：配置交换机名称、端口 IP 地址。

R1：

```
Router>
Router>en
Router#conf t
Router(config)#hostname R1
```

```
R1(config)#int f0/0
R1(config-if)#ip add 172.16.1.1 255.255.255.0
R1(config-if)#no shutdown
R1(config-if)#int f0/1
R1(config-if)#ip add 172.16.2.1 255.255.255.0
R1(config-if)#no shutdown
R1(config-if)#int s1/0
R1(config-if)#ip add 172.16.3.1 255.255.255.0
R1(config-if)#no shutdown
```

R2：

```
Router>en
Router#conf t
Router(config)#hostname R2
R2(config)#int s1/0
R2(config-if)#ip add 172.16.3.2 255.255.255.0
R2(config-if)#no shutdown
R2(config-if)#int f0/0
R2(config-if)#ip add 172.16.4.1 255.255.255.0
R2(config-if)#no shutdown
```

步骤 2：配置静态路由。

R1：

```
R1(config)#ip route 172.16.4.0    255.255.255.0 172.16.3.2
```

R2：

```
R2(config)#ip route 172.16.1.0    255.255.255.0 s1/0
R2(config)#ip route 172.16.2.0 255.255.255.0 172.16.3.1
```

步骤 3：在 PC1 上测试与 PC2、PC3 的连通性。

```
PC>ping 172.16.2.2

Pinging 172.16.2.2 with 32 bytes of data:

Reply from 172.16.2.2: bytes=32 time=0ms TTL=127
Reply from 172.16.2.2: bytes=32 time=0ms TTL=127
Reply from 172.16.2.2: bytes=32 time=0ms TTL=127
Reply from 172.16.2.2: bytes=32 time=0ms TTL=127

Ping statistics for 172.16.2.2:
    Packets: Sent = 4, Received = 4, Lost = 0 (0% loss),
Approximate round trip times in milli-seconds:
    Minimum = 0ms, Maximum = 0ms, AveR1ge = 0ms


PC>ping 172.16.4.2

Pinging 172.16.4.2 with 32 bytes of data:

Reply from 172.16.4.2: bytes=32 time=0ms TTL=126
```

Reply from 172.16.4.2: bytes=32 time=0ms TTL=126
Reply from 172.16.4.2: bytes=32 time=2ms TTL=126
Reply from 172.16.4.2: bytes=32 time=0ms TTL=126

Ping statistics for 172.16.4.2:
    Packets: Sent = 4, Received = 4, Lost = 0 (0% loss),
Approximate round trip times in milli-seconds:
    Minimum = 0ms, Maximum = 2ms, AveR1ge = 0ms

步骤 4：配置 ACL。

R2：

```
R2(config)#access-list 1 deny 172.16.1.0 0.0.0.255
!由于 ACL 是默认拒绝所有的，因此可以试着不配置下面这条看看效果是否相同
R2(config)#access-list 10 permit 172.16.2.0 0.0.0.255
R2(config)#int f0/0
R2(config-if)#ip access-group 1 out
```

步骤 5：在 PC1 上测试与 PC2、PC3 的连通性。

PC>ping 172.16.2.2

Pinging 172.16.2.2 with 32 bytes of data:

Reply from 172.16.2.2: bytes=32 time=0ms TTL=127
Reply from 172.16.2.2: bytes=32 time=0ms TTL=127
Reply from 172.16.2.2: bytes=32 time=0ms TTL=127
Reply from 172.16.2.2: bytes=32 time=0ms TTL=127

Ping statistics for 172.16.2.2:
    Packets: Sent = 4, Received = 4, Lost = 0 (0% loss),
Approximate round trip times in milli-seconds:
    Minimum = 0ms, Maximum = 0ms, AveR1ge = 0ms

PC>ping 172.16.4.2

Pinging 172.16.4.2 with 32 bytes of data:

Reply from 172.16.3.2: Destination host unreachable.
Reply from 172.16.3.2: Destination host unreachable.
Reply from 172.16.3.2: Destination host unreachable.
Reply from 172.16.3.2: Destination host unreachable.

Ping statistics for 172.16.4.2:
    Packets: Sent = 4, Received = 0, Lost = 4 (100% loss),
end

【任务小结】

1. 访问控制列表中的网络掩码是反掩码，标准控制列表要应用在尽量靠近目的地址的接

口上。

2．host 和 any。

● 关键字 host 指定单个主机，any 指定所有主机。

● host 是 0.0.0.0 通配符屏蔽码的简写。

● any 是源地址/目标地址 0.0.0.0/255.255.255.255 的简写。

3．access-list 10 permit 192.168.1.10 0.0.0.0 与 access-list 10 permit host 192.168.1.10 含义一样，允许 IP 地址为 192.168.1.10 的主机通过。

任务 3　扩展 ACL 配置

【用户需求与分析】

假设你是学校的网管，在三层交换机上连着学校的提供 WWW 和 FTP 服务的服务器，另外还连接着学生宿舍楼和教师宿舍楼，学校规定学生只能对服务器进行 FTP 访问，不能进行 WWW 访问，教师则没有此限制。

不允许 VLAN30 的主机去访问 VLAN10 网络中的 Web 服务，其他的不受限制。

【预备知识】

扩展 ACL 配置

一、扩展 ACL 的定义

扩展 ACL 是指根据数据包中的源 IP 地址、目的地址、协议、端口号定义一系列规则来过滤数据包的 ACL。扩展 ACL 与标准 ACL 的区别有以下两点：

（1）检查范围不同。

标准 ACL：只检查数据包的源地址。

扩展 ACL：检查源地址、目的地址、协议、源端口、目的端口。

（2）控制范围不同。

标准 ACL 阻止来自某一网络的所有通信流量，或者允许来自某一特定网络的所有通信流量，或者拒绝某一协议簇（如 IP）的所有通信流量。

而扩展 ACL 比标准 ACL 提供了更广泛的控制范围。

例如，网络管理员如果希望做到"允许外来的 Web 通信流量通过，拒绝外来的 FTP 和 Telnet 等通信流量"，那么他可以使用扩展 ACL 来达到目的，标准 ACL 不能控制得那么精确。

二、扩展 ACL 的应用规则

扩展 ACL 的应用规则包括以下几个方面：

● 按规则链来进行匹配。使用源地址、目的地址、源端口、目的端口、协议、时间段进行匹配。

● 从头到尾，自顶向下的匹配方式，匹配成功马上停止。

- 立刻使用该规则的"允许、拒绝……"。总结匹配顺序为：自上而下，依次匹配，最后隐藏一条拒绝的语句。
- 扩展访问控制列表：一般应用在 IN 入站方向，配置在离源端最近的路由上。

三、扩展 ACL 的配置

（1）配置编号扩展 ACL 规则。

Router(config)#access-list access-list-number { deny | permit } protocol { any | source source-wildcard } [operator port] { any | destination destination-wildcard } [operator port] [precedence precedence] [tos tos] [time-range time-range-name] [dscp dscp] [fragment]

（2）应用规则。

Router(config-if)#ip access-group access-list-number { in | out }

- access-list-number（编号范围）：100～199 和 2000～2699。
- protocol：用来指定协议的类型，如 IP、TCP、UDP、ICMP 等，tcp 为 www 服务使用的 TCP 协议，ip 为所有的网际协议。
- operator port：operator 为操作符，port 为端口号。

（3）操作符（operator）及端口号的含义，如表 7-1 所示。

表 7-1　操作符（operator）及端口号的含义

操作符	含义
eq portnumber（equal）	等于端口号
gt portnumber（greater than）	大于端口号
lt portnumber（less than）	小于端口号
neq portnumber（not equal）	不等于端口号

（4）TCP/UDP 端口号及助记符，如表 7-2 所示。

表 7-2　TCP/UDP 端口号及助记符

端口号	助记符	描述	TCP/UDP
20	FTP-DATA	（文件传输协议）FTP（数据）	TCP
21	FTP	（文件传输协议）FTP	TCP
23	Telnet	终端连接	TCP
25	SMTP	简单邮件传输协议	TCP
42	NAMESERVER	主机名字服务器	UDP
53	DOMAIN	域名服务器（DNS）	TCP/UDP
69	TFTP	普通文件传输协议（TFTP）	UDP
80	WWW	万维网	TCP

L3-SW750(config)#access-list 110 deny tcp 192.168.30.0 0.0.0.255 192.168.10.0 0.0.0.255 eq www

编号 110 的访问列表禁止 192.168.30.0 网段的 IP 访问 192.168.10.0 网段的 WWW 服务。

L3-SW750（config）#access-list 110 permit ip any any

编号 110 的访问列表允许全部访问。

L3-SW750（config）#int vlan 30

L3-SW750（config-if）#ip access-group 110 in

将访问列表应用在 VLAN30 的入栈方向，最后的结果是 vlan30 的入口拒绝 192.168.30.0 网段访问 WWW 服务的数据，允许其他数据进入 vlan30。

四、配置命名扩展的 ACL

（1）配置标准 ACL。

Router(config)#ip access-list standard { name | access-list-number }

1）配置 ACL 规则。

Router(config-std-nacl)#{ permit | deny } { any | source source-wildcard } [time-range time-range-name]

2）应用 ACL。

Router(config-if)#ip access-group access-list-number { in | out }

（2）配置扩展 ACL。

Router(config)#ip access-list extended { name | access-list-number }

1）配置 ACL 规则。

Router(config-ext-nacl)#{ permit | deny } protocol { any | source source-wildcard } [operator port] { any | destination destination-wildcard } [operator port] [time-range time-range-name] [dscp dscp] [fragment]

2）应用 ACL。

Router(config-if)#ip access-group name { in | out }

例如以命名的方式定义一个名字为 allow_ftp_web 的扩展 ACL，命令如下：

```
Router#configure terminal
Router(config)#ip access-list extended allow_ftp_web
Router(config-ext-nacl)#permit tcp 172.16.1.0 0.0.0.255 host 172.17.1.1 eq www
Router(config-ext-nacl)#permit tcp 172.16.1.0 0.0.0.255 host 172.17.1.1 eq ftp
Router(config-ext-nacl)#permit tcp 172.16.1.0 0.0.0.255 host 172.17.1.1 eq ftp-data
Router(config-ext-nacl)#permit tcp 172.16.1.0 0.0.0.255 host 172.17.1.2
Router(config-ext-nacl)#exit
Router(config)#interface f1/0
Router(config-if)#ip access-group allow_ftp_web in
Router(config-if)#end
```

【任务实施】

扩展 ACL 配置

实训设备：1 台三层交换机、2 台 PC、1 台服务器、3 条直连线。

网络拓扑结构图如图 7-4 所示。

实训目的：掌握在交换机上编号的扩展 IP 访问列表规则及配置。

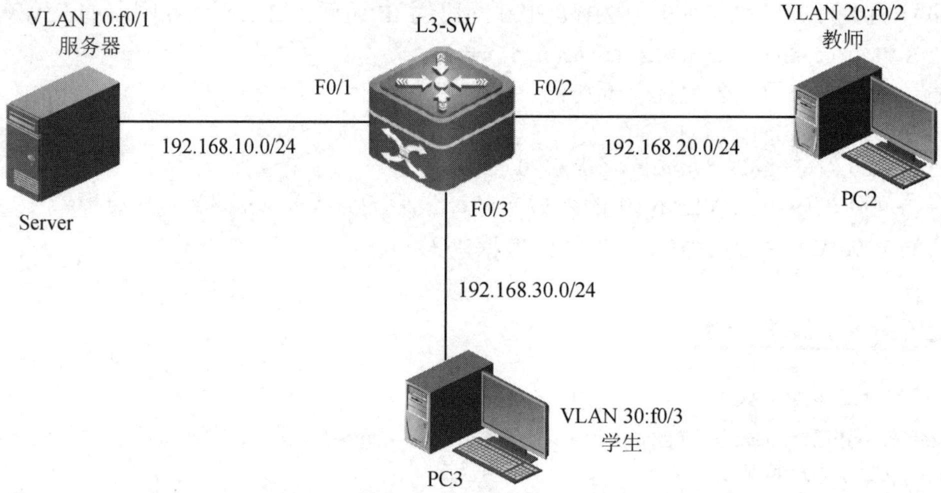

VLAN 10:f0/1
服务器

L3-SW

VLAN 20:f0/2
教师

F0/1   F0/2

192.168.10.0/24   192.168.20.0/24

Server

PC2

F0/3

192.168.30.0/24

VLAN 30:f0/3
学生

PC3

图 7-4　扩展 ACL 配置网络拓扑结构图

步骤 1：划分 VLAN，设置 VLAN 名称和 IP 地址。

```
Switch>en
Switch#conf t
Enter configuR1tion commands, one per line.    End with CNTL/Z.
Switch(config)#hostname L3-SW
L3-SW(config)#vlan 10
L3-SW(config-vlan)#name server
L3-SW(config-vlan)#vlan 20
L3-SW(config-vlan)#name teacher
L3-SW(config-vlan)#vlan 30
L3-SW(config-vlan)#name student
L3-SW(config-vlan)#int f0/1
L3-SW(config-if)#switchport access vlan 10
L3-SW(config-if)#int f0/2
L3-SW(config-if)#swiitchport access vlan 20
L3-SW(config-if)#int f0/3
L3-SW(config-if)#switchport access vlan 30
L3-SW(config-if)#int vlan 10
L3-SW(config-if)#ip add 192.168.10.1 255.255.255.0
L3-SW(config-if)#no shutdown
L3-SW(config-if)#int vlan 20
L3-SW(config-if)#ip add 192.168.20.1 255.255.255.0
L3-SW(config-if)#no shutdown
L3-SW(config-if)#int vlan 30
L3-SW(config-if)#ip add 192.168.30.1 255.255.255.0
L3-SW(config-if)#no shutdown
```

步骤 2：配置扩展 ACL。

（1）利用名字命名方法定义访问列表。

```
L3-SW(config)#ip access-list extended deny_stu_www
```

L3-SW(config-ext-nacl)#deny tcp 192.168.10.0 0.0.0.255 192.168.30.0 0.0.0.255 eq www

!禁止 192.168.10.0 网段的计算机访问 192.168.30.0 网段服务器的 WWW 服务

L3-SW(config-ext-nacl)#permit tcp any any

!允许除禁止外的所有主机访问所有服务

L3-SW(config-ext-nacl)#permit ip any any

!允许所有主机自由访问

Switch(config)#ip acc-group deny_stu_www in

（2）利用编号命名方法定义访问列表。

Switch(config)#acc-list 110 deny tcp 192.168.31.0 0.0.0.255 192.168.30.0 0.0.0.255 eq www

!配置编号的扩展 ip 访问控制列表，拒绝 192.168.30.0 网段访问 192.168.10.0 网段的 WWW 服务

Switch(config)#acc-list 110 permit ip any any

!允许随意访问，deny 的除外

Switch(config)#int vlan 30

Switch(config)#ip acc-group 110 in

步骤 3：测试。

L3-SW#show acc-lists

!查看 ACL 信息

可以自己搭建一个 Web 服务，观察配置 ACL 前后 vlan10 ping vlan30 的结果，进行对比。

【任务小结】

1．定义好 ACL 访问规则后一定要在接口下应用。

2．deny 某个网段后要 permit 其他网段。

课后习题

1．当端口由于违例操作而进入 err-disabled 状态后，使用（　　）命令可以手工将其恢复为 up 状态。

  A．errdisabled recovery   B．no shutdown

  C．recovery errdisabled   D．recovery

2．显示端口的安全设置信息、违例处理方式及安全地址表的命令是（　　）。

  A．switch(config)#show port-security   B．switch#show port-security

  C．switch#show port-security address   D．switch#show port-security interface 0/1

3．默认情况下，交换机安全端口的最大安全地址个数是（　　）。

  A．32   B．64   C．128   D．256

4．下列描述安全端口的说法中（　　）是错误的。

  A．一个安全端口必须是一个 Access 端口及连接终端设备的端口，而不是 Trunk 端口。

  B．一个安全端口不能是一个聚合端口

  C．一个安全端口不能是 SPAN 的目的端口

  D．只能在奇数端口上配置安全端口

5. 标准 IP 访问控制列表的编码范围是（　　）。

    A．1～99　　　　　　　B．100～199　　　　C．800～899　　　D．900～999

6. 在 ACL 配置中，用于指定拒绝某一主机的配置命令是（　　）。

    A．deny 192.168.12.2 0.0.0.255　　　　　　B．deny 192.168.12.2 0.0.255.255

    C．deny host 192.168.12.2　　　　　　　　　D．deny any

7. 下列标准访问控制配置命令中正确的是（　　）。

    A．access-list standard 192.168.10.23

    B．access-list 10 deny 192.168.10.23 0.0.0.0

    C．access-list 101 deny 192.168.10.23 0.0.0.0

    D．access-list 101 deny 192.168.10.23 255.255.255.255

8. 标准 ACL 以（　　）作为判别条件。

    A．数据包的大小　　　　　　　　　　　　B．数据包的源地址

    C．数据包的端口号　　　　　　　　　　　D．数据包的目的地址

9. 下列访问列表范围中（　　）符合 IP 范围的扩展访问控制列表。

    A．1～99　　　　　　　B．100～199　　　　C．800～899　　　D．900～999

10. 扩展访问列表可以使用下列字段中的（　　）来定义数据包过滤规则。

    ①源 IP 地址　　②目的 IP 地址　　③端口号　　④协议类型　　⑤日志功能

    A．①③④　　　　　　　B．①②④　　　　　C．①②③④　　　D．①②③⑤

11. 在网络中，为保证 192.168.10.0/24 网络中 WWW 服务器的安全，只允许访问 Web 服务，现在采用访问控制列表来实现，正确的是（　　）。

    A．access-list 100 permit tcp any 192.168.10.0 0.0.0.255 eq www

    B．access-list 10 permit tcp any 192.168.10.9 eq www

    C．access-list 100 permit tcp　192.168.10.0 0.0.0.255 eq www

    D．access-list 110 permit www　192.168.10.0 0.0.0.255

12. 设置拒绝 19.168.1.0 网络的主机访问 172.16.2.10 服务器的 WWW 服务，允许其他网络之间任何访问的安全策略，正确的配置是（　　）。

    A．access-list 10 deny 192.168.1.0，access-list 10 permit any

    B．access-list 110 deny 192.168.1.0 0.0.0.255，access-list 110 permit ip any any

    C．access-list 110 deny　ip　192.168.1.0 0.0.0.255 host 172.16.2.10，access-list 110 permit ip any any

    D．access-list 110 deny　tcp　192.168.1.0 0.0.0.255 host 172.16.2.10 eq 80，access-list 110 permit ip any any

13. IP 扩展访问控制列表的编号范围是（　　）。

    A．1～99　　　　　　　B．100～199　　　　C．800～899　　　D．900～999

项目8
局域网接入 Internet

随着 Internet 技术的飞速发展，越来越多的用户加入到 Internet 中，无论是在办公室、宾馆、学校、公司还是家庭，人们都需要接入 Internet 进行办公、娱乐等，互联网中任何两台主机之间通信都需要全球唯一的 IP 地址，IP 地址需求急剧膨胀，IP 地址空间已近枯竭，但 NAT 的使用缓解了这个问题。

【项目目标】

知识目标： 了解 NAT 技术的原理及分类，掌握静态 NAT 和动态 NAT 的配置。

能力目标： 能配置静态 NAT，能配置动态 NAT。

任务 1　静态 NAT 配置

【用户需求与分析】

某 IT 公司因业务扩展需要升级网络，他们选择 172.16.1.0/24 作为私有地址，假设你是该公司的网络管理员，公司只向 ISP 申请了一个公网 IP 地址，但希望全公司的主机都能访问外网，请你实现。

允许内部所有主机在公网地址缺乏的情况下访问外部网络。

【预备知识】

一、什么是 NAT

NAT 的英文全称是 Network Address Translation，中文意思是"网络地址转换"，它是一个 IETF（Internet Engineering Task Force，Internet 工程任务组）标准，允许一个整体机构以一个公用 IP 地址出现在 Internet 上。顾名思义，它是一种把内部私有网络地址（IP 地址）翻译成合法网络 IP 地址的技术。通常使用的是私有地址，范围如下：

  A 类：10.0.0.0～10.255.255.255。

  B 类：172.16.0.0～172.31.255.255。

  C 类：192.168.0.0～192.168.255.255。

二、NAT 术语

内部/外部：IP 主机相对于 NAT 设备的物理位置。

本地/全局：用户相对于 NAT 设备的位置或视角。

（1）内部网络（Inside）：路由器连接的具有私有地址的局域网。在内部网络中，每台主机都分配一个内部 IP 地址，但与外部网络通信时又表现为另外一个地址。每台主机的前一个地址称为内部本地地址，后一个地址称为外部全局地址。

（2）外部网络（Outside）：路由器连接的具有全局地址的 Internet 网络。外部网络是指内部网络需要连接的网络。内部网络与外部网络如图 8-1 所示。

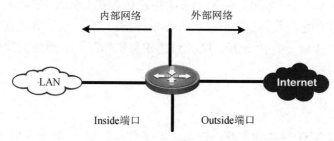

图 8-1 内部网络与外部网络

（3）内部本地地址（Inside Local Address）：是指分配给内部网络主机的 IP 地址，该地址可能是非法的未向相关机构注册的 IP 地址，也可能是合法的私有网络地址。

（4）内部全局地址（Inside Global Address）：合法的全局可路由地址，在外部网络中代表一个或多个内部本地地址。

（5）外部本地地址（Outside Local Address）：外部网络的主机在内部网络中表现的 IP 地址，该地址是内部可路由地址，一般不是注册的全局唯一地址。

（6）外部全局地址（Outside Global Address）：外部网络分配给外部主机的 IP 地址，该地址为全局可路由地址。

三、NAT 的类型

NAT 有 3 种类型：静态 NAT（Static NAT）、动态地址 NAT（Pooled NAT）、网络地址端口转换 NAPT（Port-Level NAT）。

静态 NAT 设置是最为简单和实现最为容易的一种，内部网络中的每台主机都被永久映射成外部网络中的某个合法的地址。

动态地址 NAT 则是在外部网络中定义了一系列的合法地址，采用动态分配的方法映射到内部网络。

网络地址端口转换（NAPT）则是把内部地址映射到外部网络的一个 IP 地址的不同端口上。

四、静态 NAT 的工作过程

静态 NAT 是建立内部本地地址和内部全局地址的一对一永久映射。当内部网络需要与外部网络通信时，配置静态 NAT，将内部私有 IP 地址转换成全局唯一的 IP 地址。当外部网络需要通过固定的全局可路由地址访问内部主机时，静态 NAT 就显得十分重要。

例如，当内部网络一台主机 10.1.1.1 访问外部网络主机 1.1.1.3 的资源时，内部源地址 NAT 的工作过程如下：

（1）主机 10.1.1.1 发送一个数据包到路由器，如图 8-2 所示。

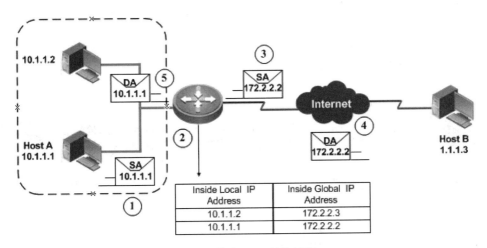

图 8-2　静态 NAT 转换过程

（2）路由器接收到以 10.1.1.1 为源地址的第一个数据包时路由器检查 NAT、地址转换表，若该地址有配置静态映射，则进入第 3 步执行地址转换；若没有配置静态映射，则转换失败。

（3）路由器用 10.1.1.1 对应的 NAT 转换表中的全局地址 172.2.2.2 替换数据包源地址，经过转换后，数据包的源地址就变为了 172.2.2.2，然后转发该数据包。

（4）1.1.1.3 主机收到数据包后，将向 172.2.2.2 发送响应包。

（5）当路由器接收到内部全局地址的数据包时，将以内部全局地址 172.2.2.2 为关键字查找 NAT 记录表，将数据包的目的地址转换成 10.1.1.1，并发送给 10.1.1.1。

（6）10.1.1.1 接收到应答包，并继续保持会话。

五、静态 NAT 的配置命令

静态 NAT 配置内容包括定义 NAT 转换关系、定义内部/外部接口等。

（1）定义静态 NAT 转换关系的命令。

```
ruijie(config)#ip nat inside source static local-ip global-ip
```

Local-ip 为本地地址，global-ip 为全局地址。

例如定义内部本地地址 10.1.1.1 与全局地址 172.2.2.2 的转换关系，命令如下：

```
ruijie(config)#ip nat inside source static 10.1.1.1 172.2.2.2
ruijie(config)#no ip nat inside source static 10.1.1.1 172.2.2.2
```

no 命令删除已定义的转换管理。

（2）定义内部/外部接口的命令。

```
ruijie(config)#int f0/0
ruijie(config-if)#ip nat inside
ruijie(config)#int s2/0
ruijie(config-if)#ip nat outside
```

（3）显示 NAT 转换记录。

```
ruijie#show ip nat translations
```

【任务实施】

实训设备：1 台交换机、2 台 PC、1 台路由器。

网络拓扑结构图如图 8-3 所示。

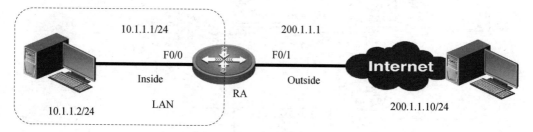

图 8-3　静态 NAT 配置拓扑结构图

实训目的：掌握内网中所有主机连接到 Internet 时通过端口号区分内部全局地址的转换。

步骤 1：定义 NAT 转换关系。

```
ruijie(config)#ip nat inside source static 10.1.1.2 200.1.1.1
```

步骤 2：定义内部接口。

```
router>en
router#conf t
router(config)#hostname rA
rA(config)#int f0/0
rA(config-if)#ip add 10.1.1.1 255.255.255.0
rA(config-if)#ip nat inside
rA(config-if)#no shutdown
```

步骤 3：定义外部接口。

```
rA(config-if)#int f0/1
rA(config-if)#ip add 200.1.1.1 255.255.255.0
rA(config-if)#ip nat outside
rA(config-if)#no shutdown
```

步骤 4：配置默认路由。

```
rA(config)#ip route 0.0.0.0 0.0.0.0 200.1.1.1
rA(config-if)#end
```

步骤 5：测试 NAT 转换结果。

rA#show ip nat translations

【任务小结】

1. 不要把 inside 和 outside 应用的接口弄错。
2. 要加上能使数据包向外转发的路由，比如默认路由。

任务 2　动态 NAT 配置

【用户需求与分析】

某公司局域网使用私有地址 10.1.1.0/24 网段，通过路由与 Internt 连接。公司申请公有地址池 200.1.1.1～200.1.1.10，在路由器上进行动态 NAT 转换，实现局域网主机访问 Internet。

【预备知识】

一、动态 NAT 的工作过程

动态 NAT 在路由器中建立一个地址池，放置可用的内部全局地址。当有内部本地地址需要转换时，查询该地址池，去除内部全局地址建立地址映射管理，实现地址转换。当使用完毕后，释放该映射关系。将这个内部全局地址返回地址池，供其他用户使用。

例如，当内部网络的一台主机 10.1.1.1 访问外部网络主机 1.1.1.3 的资源时，内部主机利用动态 NAT 实现 Internet 访问的具体工作过程（如图 8-4 所示）如下：

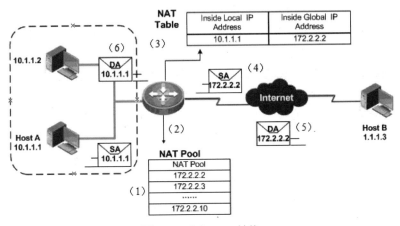

图 8-4　动态 NAT 转换

（1）主机 10.1.1.1 发送一个数据包到路由器。

（2）路由器接收到以 10.1.1.1 为源地址的第一个数据包时，路由器查询地址池，获得一个可用的内部全局地址 172.2.2.2，建立 NAT 转换表映射记录，进入第 3 步执行地址转换。

（3）路由器用 10.1.1.1 对应的 NAT 转换表中的全局地址 172.2.2.2 替换数据包源地址，经过转换后，数据包的源地址就变为了 172.2.2.2，然后转发该数据包。

（4）1.1.1.3 主机收到数据包后，将向 172.2.2.2 发送响应包。

（5）当路由器接收到内部全局地址的数据包时，将以内部全局地址 172.2.2.2 为关键字查找 NAT 记录表，将数据包的目的地址转换成 10.1.1.1，并发送给 10.1.1.1。

（6）10.1.1.1 接收到应答包，并继续保持会话。

二、动态 NAT 的配置命令

配置动态 NAT 的内容包含定义内部端口、定义外部端口、定义地址池、定义 ACL、启动 NAT 转换，其中定义 ACL 是为了限制实现地址转换的网段，只有在 ACL 内允许的流量才能启动 NAT 转换功能。

（1）定义 NAT 端口类型。

（2）定义地址池。

```
ruijie(config)#ip nat pool pool-name start-ip end-ip netmask netmask
```

其中 pool-name 为 NAT 地址池名称，start-ip 为 NAT 地址池的起始 IP 地址，end-ip 为 NAT 地址池的结束 IP 地址，netmask 为 NAT 地址池的网络掩码。

（3）定义 ACL。路由器通过 ACL 控制对哪些地址进行地址转换 NAT 操作，只有与该 ACL 匹配的地址才进行转换。

定义 ACL 的命令格式如下：

```
ruijie(config)#access-list access-list-number {permit|deny} source soure-mask
```

例如只允许从 10.1.1.0/24 网段发出的数据包进行 NAT 转换，命令如下：

```
ruijie(config)#access-list 10 permit 10.1.1.0 0.0.0.255
```

上述代码定义 ACL 编号为 10，源地址为 192.168.12.0，通配符为 0.0.0.255。

（4）设置地址池与 ACL 关联。定义完地址池及 ACL 后，需要将两者关联起来，满足 ACL 数据包中的目的 IP 地址才能到指定的地址池中提取特定的全局地址，以便其他主机使用。

关联地址池与 ACL 的命令格式如下：

```
ruijie(config)#ip nat inside source list access-list-number pool pool-name [overload]
```

其中，access-list-number 为本地地址 ACL 编号，只有源地址匹配该 ACL 的流量才会创建 NAT 转换记录，pool-name 为关联的地址池名称，符合 ACL 条件的数据包利用地址池中的全局地址做 NAT，overload（可选）为 pool 中的每个全局地址都可以复用转换，就是 NAPT。如果不配置 overload，pool 中的全局地址只能与本地地址做一对一转换。使用 no 命令可以取消 NAT，如 ruijie(config)#no ip nat inside source list 10。

例如将满足 list 10 的数据包利用地址池 pool100 中的全局地址进行 NAT 转换，命令如下：

```
ruijie(config)#ip nat inside source list 10 pool pool100
```

（5）显示 NAT 转换记录。

```
ruijie#show ip nat translations
```

【任务实施】

实训设备：1 台交换机、2 台 PC、1 台路由器。

网络拓扑结构图如图 8-5 所示。

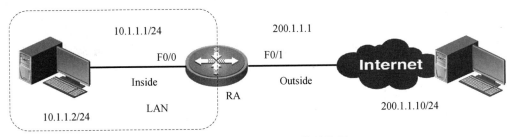

图 8-5　动态 NAT 配置拓扑结构图

实训目的：掌握动态 NAT 转换，实现局域网主机访问 Internet。

步骤 1：定义地址池。

ruijie(config)#ip　nat　pool to_internet 200.1.1.2 200.1.1.10 netmask 255.255.255.0

步骤 2：定义 ACL。

ruijie(config)#access-list 10 permit 10.1.1.0 0.0.0.255

步骤 3：关联 pool 与 ACL。

ruijie(config)#ip nat inside source list 10 pool to_internet

步骤 4：定义内部接口。

ruijie(config)#int f0/0
ruijie(config-if)#ip nat inside
ruijie(config-if)#ip address 10.1.1.1 255.255.255.0
ruijie(config-if)#exit

步骤 5：定义外部接口。

ruijie(config)#int f0/1
ruijie(config-if)#ip nat outside
ruijie(config-if)#ip address 200.1.1.1 255.255.255.0
ruijie(config-if)#exit

步骤 6：设置默认路由。

ruijie(config)#ip route 0.0.0.0 0.0.0.0 f0/1

步骤 7：测试，显示 NAT 转换记录。

ruijie#show ip nat translations

【任务小结】

1. 注意 ACL 与地址池的关联语句。

2. 设置默认路由的目的是为了连通内网与外网。

参考文献

[1] 张国清．网络设备配置与调试项目实训．3 版．北京：电子工业出版社，2015．
[2] 高峡．网络设备互连实验指南．北京：科学出版社，2009．